空气净化器
——特性、评价与应用

许钟麟 著

中国建筑工业出版社

图书在版编目（CIP）数据

空气净化器——特性、评价与应用/许钟麟著. —北京：中国建筑工业出版社，2017.9

ISBN 978-7-112-20817-3

Ⅰ.①空…　Ⅱ.①许…　Ⅲ.①气体净化设备-基本知识　Ⅳ.①TU834.8

中国版本图书馆 CIP 数据核字（2017）第 122796 号

本书是目前国内外专论空气净化器的理论和实用结合的第一本专著。

书中介绍了便携式空气净化器（以下均称空气净化器）在国内的发展、种类、应用原理，详细说明了静电、紫外线、阻隔式过滤的原理和特点。本书从理论上剖析了空气净化器各种运行工况的特点，讨论了"洁净空气量"这一设定参数不能确切反映各个运行工况的问题，分析并给出了室外污染负荷计算方法、空气净化器可能净化达到的室内含尘浓度、自净时间和适用面积的简明计算方法和计算结果，据此分析了空气净化器的适用场合。通过理论分析和实测对比，指出不同运行场合的净化器的特点及设计上的要点，给出室内浓度和自净时间的计算方法、雾霾天可以开窗使用的条件等，并为选择空气净化器提供了条件。本书还对空气净化器的测试提出进一步完善的方法，提出了新的评价指标。

本书可供空气净化器的研究者、生产厂家和大专院校师生参考。

责任编辑：张文胜　姚荣华
责任设计：李志立
责任校对：王宇枢　张　颖

空气净化器——特性、评价与应用

许钟麟　著

*

中国建筑工业出版社出版、发行（北京海淀三里河路 9 号）

各地新华书店、建筑书店经销

唐山龙达图文制作有限公司制版

北京云浩印刷有限责任公司印刷

*

开本：787×960 毫米　1/16　印张：7　字数：136 千字

2017 年 12 月第一版　　2017 年 12 月第一次印刷

定价：**25.00** 元

ISBN 978-7-112-20817-3

（30492）

前　　言

　　室内颗粒物（含微生物）污染控制的理论、技术、检测和设备一直是 50 余年来作者所在和负责的中国建筑科学研究院空调所（现为中国建筑科学研究院建筑环境与节能研究院）净化研究室（现为净化空调技术中心）的重要研究领域。特别是从"非典"以后，这一方面的研究更得到了加强，相应提出了动态隔离理论和措施（区别于过去的静态隔离），拒尘菌于房间和系统之外（相当于拒敌于国门之外）的理念，抑菌、除菌而不是杀菌的即不战而屈人之兵的理念，封导结合以及动态气流密封理念等。作者和净化室团队以及北京市有关部门和医院做了涉及微生物污染过程控制的大量研究工作，开发了应用于这一领域的磁吸式超低阻高中效空气过滤器、动态气流密封负压高效排风装置、封导结合的无泄漏风口、自洁型新风净化机组、节能抑菌空调器以及可在线封闭式扫描检漏的安全排风装置等一系列专利（含美国等国际专利）和产品，并制订了北京市的相关标准。

　　近年雾霾出现以后，作者结合 20 世纪 60 年代末研发静电净化器和 20 世纪 80、90 年代开发家具式空气净化器、屏蔽式循环风紫外线消毒器和空气洁净屏的实践，以及通过空气净化器（即便携式空气净化器的简称，本书皆用简称）以控制颗粒物（含微生物）污染的理论思考，并感到国外有关标准的不完善，从而开始针对空气净化器用于控制室内污染进行比较系统的理论研究，并以此作为本研究院申报国家十三五重点研发计划"绿色建筑及建筑工业化"专项项目"室内微生物污染源头识别监测和综合控制技术"（2017YFC0702800）的课题四："室内微生物污染全过程控制关键技术及设备"的一项预研工作，所以本书是国家计划下达的这一课题的一项预研成果，是这一课题的理论热身工作。

　　近年来，空气净化器产品得到很快发展，但是有关产品性能的界定，例如所谓"洁净空气量"的设定，可能会造成理论分析和产品评定上的分歧；在产品宣传上的乱象也让人困惑，从而导致消费者在选择空气净化器上的迷茫。

　　作者在本书中应用空气洁净技术的基本原理，去解释、厘清空气净化器的若干问题，希望有助于空气净化器的正确设计、评价与应用。

　　空气净化器对于降低室内受到空气污染的危害能够发生一定的改善作用，但是任何问题都有一个"度"，如何界定这个度？最好能从理论上去剖析，佐以实际的验证。本书通过系统的理论分析、计算、实验成果分析和实际比较，将上述国家重点研发计划项目的有关预研成果介绍给读者，希望引起读者的兴趣，对促进室内污染控制的研究和空气净化器事业的发展起一点作用。

许钟麟于北京：中国建筑科学研究院建筑

环境与节能研究院许钟麟工作室

2017 年 6 月

E-mail：15611209690@163.com

目　　录

前言
第1章　导论·· 1
　1.1　空气净化器的发展 ························· 1
　　1. 概述 ··································· 1
　　2. 发展阶段 ······························ 3
　1.2　空气净化器的分类 ························· 5
　　1. 按处理对象分 ························· 5
　　2. 按用途分 ······························ 5
　　3. 按安装方式分 ························· 5
　　4. 按原理分 ······························ 6
　　5. 适用性 ································· 6
　　本章参考文献 ···························· 9
第2章　高压静电吸附 ························· 10
　2.1　高压静电吸附的类型 ··················· 10
　　1. 单区电离 ····························· 10
　　2. 双区电离 ····························· 11
　2.2　静电净化器的主要原理和结构 ··········· 11
　　1. 主要原理 ····························· 11
　　2. 结构上应注意的问题 ·················· 12
　2.3　静电净化器的效率 ····················· 13
　　1. 对微粒的总效率 ······················ 13
　　2. 除菌效率测定例 ······················ 16
　2.4　注意点 ······························· 17
　　1. 安全 ································· 17
　　2. 臭氧 ································· 17
　　3. 掉尘 ································· 17
　　4. 效率下降 ····························· 18
　　本章参考文献 ···························· 18
第3章　紫外线照射 ························· 19
　3.1　紫外线照射的优缺点 ··················· 19

    1. 优点 ·· 19

    2. 缺点 ·· 19

  3.2 紫外线照射净化器的效率 ············ 22

    1. 紫外线照射剂量 ···················· 22

    2. 圆筒形紫外线净化器的计算 ····· 22

  3.3 灭菌效果的实测结果 ················ 23

    1. 圆筒内紫外线强度的分布 ········ 23

    2. 实用实测结果 ······················ 23

  本章参考文献 ······························ 25

第4章 纤维层阻隔式空气过滤 ············ 26

  4.1 纤维层阻隔式空气过滤的基本原理 ········· 26

    1. 拦截（或称接触、钩住）效应 ····· 26

    2. 惯性效应 ···························· 26

    3. 扩散效应 ···························· 26

    4. 重力效应 ···························· 26

    5. 静电效应 ···························· 27

  4.2 纤维层阻隔式空气过滤器的基本指标 ······· 27

    1. 面速和滤速 ························· 27

    2. 效率和透过率（穿透率） ·········· 27

    3. 阻力 ································· 28

    4. 容尘量 ······························ 28

  4.3 纤维层阻隔式过滤器的特点 ············ 30

    1. 既除尘也除菌 ······················ 30

    2. 除尘除菌无选择性 ················· 30

    3. 效率的广谱性、恒定性、范围既广且高 ····· 31

    4. 不产生副作用 ······················ 34

    5. 效率不降反升 ······················ 34

    6. 风速对设备效率的影响较小 ······ 35

    7. 相对的价廉 ························· 35

    8. 有一定阻力，要定期更换 ········· 35

  本章参考文献 ······························ 36

第5章 空气净化器运行工况特性 ·········· 37

  5.1 空气净化器的运行工况 ············· 37

    1. 在试验舱中的工况 ················· 37

    2. 引入部分新风的工况 ·············· 37

  3. 完全室内自循环的工况 ·································· 37

  4. 作为系统补充作用的工况 ······························ 37

 5.2 试验舱运行工况的特性 ································ 37

  1. 稳定含尘浓度通式 ·································· 37

  2. 瞬时浓度通式 ······································ 39

  3. 试验舱中含尘浓度表达式 ···························· 39

  4. 关于洁净空气量设定的讨论 ·························· 40

 5.3 引入部分新风工况的特性 ······························ 42

  1. 稳定含尘浓度通式 ·································· 42

  2. 效率、换气次数和含尘浓度的关系 ···················· 42

  3. 小结 ·· 43

 5.4 室内自循环工况的特性 ································ 44

  1. 稳定含尘浓度通式 ·································· 44

  2. 效率、换气次数和含尘浓度的关系 ···················· 44

  3. 小结 ·· 44

 5.5 补充作用运行工况的特性 ······························ 44

  1. 稳定含尘浓度通式 ·································· 44

  2. 注意之点 ·· 45

 本章参考文献 ·· 45

第6章 空气净化器应用特性 ································ 47

 6.1 自净时间 ·· 47

  1. 理论计算 ·· 47

  2. 实测对比 ·· 50

 6.2 适用场合 ·· 53

  1. 只有室内发尘、自循环的净化器 ······················ 53

  2. 有室内发尘也引入一定比例新风的净化器 ·············· 53

  3. 对既有系统作补充的净化器 ·························· 53

  4. 结论 ·· 55

 本章参考文献 ·· 55

第7章 空气净化器污染负荷的计算 ······················ 57

 7.1 外窗缝隙是污染进入室内的主要途径 ·················· 57

  1. 概述 ·· 57

  2. 居室基本模型 ···································· 57

 7.2 人进出外门带进室内的微粒污染渗透量 ················ 58

  1. 设定 ·· 58

2. 计算 ·· 58

7.3　迎风面外窗的计算风速 ··· 58

　　1. 迎风面风压 ·· 58

　　2. 迎风面计算风速 ·· 59

7.4　外窗在风压作用下的渗透风量 ······································· 61

　　1. 计算公式 ·· 61

　　2. 按标准外窗计算渗透风量和窗缝 ···································· 61

7.5　外窗在温差作用下的渗透风量 ······································· 62

　　1. 温差引起的热压差 ·· 62

　　2. 热压渗透风量的计算 ·· 64

7.6　外窗在风压—热压共同作用下的渗透风量 ······························ 64

　　1. 只有风压作用 ·· 65

　　2. 风压等于热压 ·· 65

　　3. 风压等于零 ·· 65

　　4. 热压小于风压 ·· 66

　　5. 热压大于风压 ·· 66

7.7　雾霾天污染渗入量的计算 ··· 66

　　1. 确定雾霾天渗入室内的尘浓 ·· 66

　　2. 穿透系数 ·· 68

本章参考文献 ··· 69

第8章　空气净化器净化能力的计算 ··· 70

8.1　概述 ··· 70

　　1. 计算的必要性 ·· 70

　　2. 计算的难点 ·· 70

8.2　计算参数的确定 ··· 70

　　1. 关于 η ·· 70

　　2. 关于 M ·· 76

　　3. 关于 G ·· 77

　　4. 关于 n ·· 78

　　5. 关于 S ·· 78

　　6. 关于 ψ ·· 80

8.3　有新风工况的 N 的计算 ·· 80

　　1. 计数浓度 ·· 80

　　2. 计重浓度 ·· 81

　　3. 自净时间计算 ·· 81

8.4　室内自循环工况的 N 的计算 ……………………… 82

  1. 计数浓度 ………………………………………………… 82

  2. PM2.5 计重浓度 ………………………………………… 83

  3. 自净时间计算 …………………………………………… 83

8.5　开窗的可行性 …………………………………………… 84

  1. 概述 ……………………………………………………… 84

  2. 持续开窗 ………………………………………………… 85

  3. 间断开窗 ………………………………………………… 86

8.6　适用面积 ………………………………………………… 89

  1. 必要的参数 ……………………………………………… 89

  2. 适用面积计算 …………………………………………… 90

本章参考文献 …………………………………………………… 90

第9章　空气净化器的检测与评价 ……………………… 92

9.1　试验舱检测 ……………………………………………… 92

  1. 30m³ 舱 ………………………………………………… 92

  2. 试验舱中自然衰减 ……………………………………… 92

9.2　测定细则 ………………………………………………… 97

  1. 摆放位置 ………………………………………………… 97

  2. 测点 ……………………………………………………… 98

  3. 方法 ……………………………………………………… 98

  4. 读数 ……………………………………………………… 98

9.3　求 k …………………………………………………… 99

  1. 计算图 …………………………………………………… 99

  2. 算例 ……………………………………………………… 100

  3. 注意 ……………………………………………………… 101

9.4　评价 ……………………………………………………… 101

  1. 存在的问题 ……………………………………………… 101

  2. 综合指标 ………………………………………………… 101

本章参考文献 …………………………………………………… 102

第1章　导　　论

1.1　空气净化器的发展

1. 概述

空气净化器是为了降低室内空气污染成分，主要是颗粒物，而发展起来的。

我国最早研发的空气净化器是静电净化器。原来是为了降低乱流洁净室内涡流区的含尘浓度，而作为辅助作用的设备由作者所在的原中国建筑科学研究院空气调节研究所净化研究室于 1971 年在天津开发出来，当时称为静电自净器。

图 1-1 是按当时国外的单区电离原理开发的 JZQ-Ⅰ型净化器，图 1-2 是按作者提出的"双区电离"概念开发的 JZQ-Ⅱ型净化器[1]。在同等条件下，前者（含国外样机）浊度法效率只有 70%～80%，后者则提高到 99%，在 1978 年获科学大会奖。

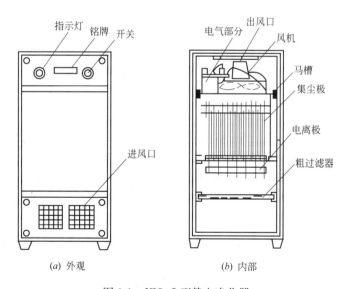

(a) 外观　　　　　　　　(b) 内部

图 1-1　JZQ-Ⅰ型静电净化器

国内最先开发的家用或公共用空气净化器，是作者于 1988 年申请的家具式净化器——"带空气净化系统的家具"专利。这是一种机械阻隔式（过滤式）空气净化器，虽然在一些场所试用有较好效果，但由于当时对环境污染的认识不

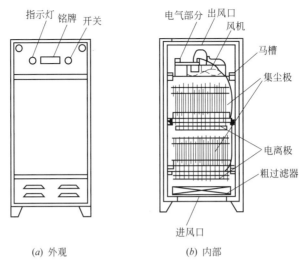

图 1-2　JZQ-Ⅱ型静电净化器

足，该产品未能得到推广。此后受《洁净技术》编辑部委托在天津净化设备厂开发出空气洁净屏—屏风式净化器。

　　众所周知，紫外灯照射可以杀菌，但在有人时不能照射。例如某医院骨髓移植后恢复期患者的病房、处理骨髓前的实验室及采集骨髓的手术室，需要消毒，但当时空气洁净技术在医院还未得到推广。某些医院此前在进行室内消毒时要撤走病人和工作人员，紫外灯消毒几小时后，停止照射并通风一定时间才能进人。不仅不便，效率也很低。除此之外，紫外灯照射还有其他缺点（详后述）。

　　为了使紫外灯消毒在工作时也可进行，国内率先开发了在流动空气中杀菌的专利产品：屏蔽式循环风紫外线消毒器（专利的共同发明人为陈长镛、许钟麟、林秉乐、徐立大）[2]。该产品外形设计有落地式（XK-1 型）和悬挂式（XK-2型）两种，如图 1-3 和图 1-4 所示[3]。

　　由中国科学技术情报研究所于 1992 年 2 月 16 日出具的科研成果查新证明书指出："在所收存的 4700 万篇文献中""未查出与该课题'屏蔽式循环风紫外线消毒器内容完全相同的文献与专利'"[2]。

　　该产品就是一种紫外线消毒的空气净化器。屏蔽紫外线防止其泄漏是结构设计上的关键。

　　该净化器高约 1.3m，内径 264mm，风量 354m³/h，筒内风速 0.4m/s。

　　为防止紫外线外溢，产品采用了屏蔽式罩壳。产品内置风机强制空气循环。为防止紫外灯管很快蒙尘，同时为了降低室内大颗粒灰尘浓度，入口设有粗效过滤器。

　　由于该产品扩大了紫外线照射消毒的应用范围，受到使用者欢迎，并被写入

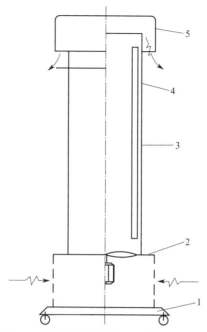

图 1-3　落地式圆筒形循环风紫外线消毒器

1—可移动底座；2—进风箱；3—消毒区；4—挡风圈；5—挡风

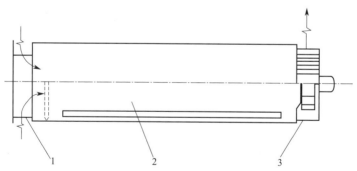

图 1-4　悬挂式循环风紫外线消毒器

1—进风区；2—消毒区；3—通风机

原卫生部 2000 年编制的《消毒技术规范》"医院室内空气的消毒"一章。

2. 发展阶段

此后国内空气净化器的发展经历了三大阶段：

一是 2003 年的"非典"时期。上述屏蔽式循环风紫外线消毒器也在"非典"现场发挥了作用。同时，各种壁挂式紫外线消毒器出现于市场。"非典"促进了国外静电净化器在国内的销售，也促进了国内静电净化器的发展。

二是 2008 年的奥运会时期。各种原理的空气净化器纷纷出台，争取在奥运场馆使用。

三是近几年雾霾进入社会高度关注的时期。国产品牌纷纷登场，外国品牌也大量拥入。据电子信息产业网 2015 年的"中国空气净化器产业趋势报告"，2014 年我国空气净化器销售已超过 320 万台，零售额接近 70 亿元，同比增长近 80%（转引自文献［4］）。

雾霾确实是空气净化器发展的推手。特别是京津冀及周边地区，北京、天津、河北、山西、山东、河南，国土面积只占全国的 7.2%，却消耗了全国 33% 的煤炭，单位面积排放强度是全国平均水平的 4 倍左右。该地区钢铁产量每年 3 亿～4 亿 t，占全国的 43%；焦炭产量 2.1 亿 t，占全国的 47%；电解铝占全国的 38%；平板玻璃 1200 万 t，占全国的 33%；水泥 4.6 亿 t，占全国的 19%；机动车保有量占 28%（以上据环境保护部陈吉宁部长 2017 年 1 月 6 日答记者问）。因此，虽然近三年来就全国层面而言，PM2.5 浓度改善幅度达 30% 左右，上述京津冀地区也有改善，但浓度平均值和峰值仍然居高，中国工程院于 2016 年 7 月 5 日发布的《大气污染防治行动计划》中期评估报告指出，338 个地级及以上城市中，只有 73 个城市达标。平均超标天数为 23.3%，重度及以上污染占 3.2%，其中 67.4% 发生在冬季，而京津冀地区重污染占全国天（次）数的 44.1%。

又据 2017 年 6 月环境保护部发布的《2016 中国环境状况公报》超标天数比例降到 21.2%，达标城市上升到 84 个。

在这里要注意到，全部重度及以上污染天（次）数中，以 PM2.5、PM10 为首要污染物的天数分别占 83.4% 和 15.3%（2016 年这两个比例有所下降）。所以，在空气净化器实用中使人们开始认识到，要求空气净化器主要对细颗粒物有更好的净化效果应更属主要。

这里要说明一下污染标准，它和空气净化器的设计和应用有关。表 1-1 是几个国家和世界卫生组织的相关标准。

WHO 和部分国家的空气质量准则值（AQG）：年平均浓度/24h 平均浓度（μg/m³）　　表 1-1

	PM10	PM2.5
WHO:过渡时期目标-1(IT-1)	70/50	35/75
过渡时期目标-2(IT-2)	50/100	25/50
过渡时期目标-3(IT-3)	30/75	15/37.5
空气质量标准值(AQG)	20/50	10/25
美国(2006 年 12 月 17 日生效)		15/35
日本(2009 年 9 月 9 日发布)		15/35
欧盟(2010 年 1 月 1 日发布,2015 年 1 月 1 日生效)		25/无

为了便于执行对 PM2.5 污染的评价，我国环境保护部又出台了行业标准《环境控制质量指数（AQI）技术规定（试行）》HJ 633—2012，其中对 PM2.5 的标准如表 1-2 所列。

PM2.5 的浓度分级限值   表 1-2

空气质量指数（AQI）	空气质量指数级别	空气质量指数类别及表示颜色		对应的 PM2.5 的 24h 平均计重浓度（$\mu g/m^3$）
0～50	一级	优	绿色	≤35
51～100	二级	良	黄色	>35～75
151～150	三级	轻度污染	橙色	>75～115
151～200	四级	中度污染	红色	>115～150
201～300	五级	重度污染	紫色	>150～250
>300	六级	严重污染	褐红色	>250～500

可见所谓"优"的界限 $35\mu g/m^3$ 比 WHO 的空气质量标准值还是相差较多。所谓超标，即超过 $75\mu g/m^3$；所谓严重污染，即超过 $250\mu g/m^3$；俗称"爆表"，即超过 $500\mu g/m^3$。

1.2　空气净化器的分类

1. 按处理对象分

空气净化器按处理对象分，主要有：
颗粒物净化器；
气体净化器；
混合净化器（包含颗粒物和气体）。

2. 按用途分

空气净化器按用途分，主要有：
家用空气净化器；
通用空气净化器；
个人用空气净化器（或称桌上型空气净化器）。

3. 按安装方式分

空气净化器按安装方式分，主要有：

便携式（或可移动式包括悬挂式）空气净化器；

管道式空气净化器。

4. 按原理分

（1）颗粒物净化器应用的原理主要有：

过滤——对所有颗粒物（无菌的和有菌的）都适用；

高压静电吸附——对所有颗粒物都适用，特别适用于 $1\mu m$ 以下微粒；

紫外线照射——只适用于有菌微粒；

纳米光催化——只适用于有菌微粒；

等离子、负离子——主要适用于有菌微粒，也可促使微粒物沉降。

（2）气体净化器应用的原理主要有：

物理吸附——如活性炭，但因再生时会散发有害物，使其用途受到限制；

纳米光催化——主要作用发生在表面；

化学催化、络合——要有化学物质，如吸收污染物的化学络合剂。

5. 适用性

市场上出现的空气净化器品牌据上述"趋势报告"主要涵盖近 400 个行业。"原理"五花八门，例如：

吸附＋静电；

吸附＋过滤；

吸附＋电场；

吸附＋电场＋过滤；

过滤＋吸附＋催化＋负离子化学络合；

化学络合＋过滤；

静电＋光触媒＋吸附；

静电＋光触媒＋过滤＋负离子；

等等，

比上述的分类还要多。而且在结构上不惜把这些原理的部件串联在一块，甚至有 10 种原理的部件组成的净化器，见图 1-5。

有些产品样本充满炒作的概念，如纳米光催化、纳米高频脉冲光之类，就是炒作"纳米"这一时髦概念。利用纳米级二氧化肽微粒形成涂层，在特定波长紫外光照射下，在涂层微孔内形成所谓活性氧，具有杀菌作用。实际上由于使用的紫外光波长的差异而产生的是臭氧，是臭氧起了杀菌作用。但是当涂层表面被通过的空气蒙上灰尘，这一作用也消失了。曾经因此酿成过重大事故。

表 1-3 列举了各种可对空气进行净化的方法，其中消毒效率见之于样本、文

献，厂家自报或检测报告[5]。

图 1-5　10 种以上原理串联示意

各种方法消毒除菌效率　　　　　　　　　　　　　　　表 1-3

消毒方式	消 毒 原 理	消毒效率实例
单区静电	高压电场形成电晕,产生自由电子和离子,因碰撞和吸附到尘菌上使其带电,在集尘极上沉积下来被除去。对较大颗粒和纤维效果差,会引起放电。优点是能清除尘菌而阻力小,缺点是清洗麻烦、费时,必须有前置过滤器,可能产生臭氧和氮氧化物,可形成二次污染	50% (某些产品测试只有20%左右)
等离子	气体在加热或强电磁场作用下产生高度电离的电子云,其中活性自由基和射线对微生物有很强的广谱杀灭作用。无法去除尘粒	66.70%
负离子	在电场、紫外、射线和水的撞击下使空气电离而产生,可吸附尘粒等变成重离子而沉降,缺点是有二次扬尘,在空调系统中用处不大	68.20%
苍术熏	中药	73.40%
纳米光催化	在日光、紫外照射下,催化活性物质表面氧化分解挥发性有机蒸气或细菌,转化为 CO_2 和水。要求被消毒空气必须与催化物质充分接触,要一定时间,随表面附尘效果大减,一定要有前置过滤器。紫外照射还产生臭氧。实验中甚至出现负值	75% (某些产品测试结果只有30%几,甚至出现负值)
甲醛熏	化学药剂,已宣布致癌	77.42%
紫外照射	应用于空调系统由于空气流速高,细菌受照剂量小,效果差,只能除菌不除尘,有臭氧发生。WHO、欧盟 GMP 都宣布其为通常不被接受的方法,更不能作最终灭菌	82.90%
电子灭菌灯	物理方法	85%
双区静电	电离极和集尘极分开	90% (某些产品测试只有约60%)

消毒方式	消 毒 原 理	消毒效率实例
臭氧	淡蓝色气体,有较强的氧化作用,其分解产生的氧原子可以氧化、穿透细菌细胞壁而杀死细菌。广谱杀菌但不能除尘,室内必须无人,损坏多种物品,对表面微生物作用小。对人的呼吸道有危害。不允许在有人场合使用	91.82%
超低阻高中效过滤器	物理阻隔方法,常规风口上使用阻力仅 10Pa 上下,是粗效的 1/3,但效率达高中效(对≥0.5μm 微粒效率≥70%)重量轻,安装方便,无二次污染	92%~98%
高效过滤器	物理阻隔,无副作用,一次性,卫生部消毒规范指出洁净室空气灭菌只用空气净化过滤方式。阻力大	99.9999%~99.99999%

表 1-3 中效率出现负值就是因为蒙在表面的尘粒(含带菌微粒)又被吹出来的缘故。

有些产品样本中宣称"无易损件"、"无耗材"等错误信息,就以静电净化器来说,表面上无滤材(需经常更换),但电离丝积尘多了以后易折断,间距只有数毫米的各块积尘板上的积尘也难清洗,长期未洗变成更难清洗,要用超声波清洗机清洗。20 世纪五六十年代静电净化器在日本很流行,因为 1965 年日本才有自己的高效过滤器商品上市,以前是买美国的,所以当时静电净化器也用于手术室。实践经验使 1981 年的日本《空气洁净手册》写明需要用压力为 $2kg/cm^2$ 的喷嘴喷射水流来清洗静电净化器[6],可见尘垢之结实。对于家庭来说,如何刷洗只有几毫米板距的空间,实难想象。如果不适时清洗,积尘太厚了,效率下降了,阻力增大通过风量少了,更容易放电了。绝不像广告宣传那样,似乎可以一劳永逸地用下去。

上述 10 层部件叠在一块,如何清理、更换其中一层?这完全是脱离现实的做法。

本书只讨论颗粒空气净化器的原理,讨论最常用的静电吸附、紫外照射特别是阻隔式过滤这三种方式。

美国政府环境保护署(US Environmental Proteetion Agency,EPA)颁布的《空气净化器导则》对几种空气净化器装置的适用性与限制性作了评述[7],见表 1-4。

从表 1-4 中对"粒子过滤器"局限性评述可见,因雾霾污染皆是亚微米级微粒,不属"较大颗粒物",所以用空气净化器来清除空气污染的小颗粒是非常有针对性的。

EPA 对所采用的空气净化装置的评述　　　　　　　　　　表 1-4

空气净化装置		适用污染物	局 限 性
空气过滤器	粒子过滤器	颗粒物	对较大颗粒物无效,因为大多数大颗粒物在空气中迅速沉降,可能永远无法到达过滤器

空气净化装置		适用污染物	局 限 性
其他空气净化装置	气相过滤器	气体	相比粒子过滤器在家庭较少使用;使用寿命可能较短
	紫外线杀菌装置	生物	细菌和霉菌孢子往往是抗紫外线辐射的,需要更大光强或更长照射时间,或两者同时加大,才可能被杀死
	纳米光催化	气体	用于家庭时作用有限,因为目前可用的光催化对破坏室内气态污染物是无效的,有些会生成新的二次污染物
	臭氧发生器	气体、生物、颗粒物	作为空气净化器销售并不总是安全的,在设计上可以有效去除污染物,但产生的臭氧对肺有刺激作用

美国供暖制冷空调工程师学会（ASHRAE）2015 年发表了《对过滤和空气净化装置的立场文件》,指出"根据经审阅存档的文献的数据形成了对性能的总结性陈述以及对特定技术的观点。一个关键的陈述是健康效益的显著证据目前仅存在于多孔介质的颗粒物过滤系统。""一个关键的立场是,如果过滤和空气净化技术产生显著的、已知或预期有害健康的微粒物,则不建议使用。""当使用一些可发生显著臭氧、但并不是将臭氧作为空气净化手段的设备时,要格外小心。这些设备已引发了潜在的健康风险。"这些立场和表 1-2 表达的观点是一致的(以上译文均引自文献 [7])。

本章参考文献

[1] 许钟麟著. 空气洁净技术原理 (第四版). 北京: 科学出版社, 2013.

[2] 陈长铺, 许钟麟, 林秉乐等. 屏蔽式循环风紫外线消毒器的研制综合报告 (鉴定会资料), 1993.

[3] 沈晋明, 孙光前, 贺舒平, 结构工艺设计——屏蔽式循环风紫外线消毒器研制等报告之一 (鉴定会资料), 1993.

[4] 陈则雨, 林忠平. 静电空气净化器实际运行效率研究. 制冷与空调, 2017, V17 (1): 71～75.

[5] 许钟麟主编, 沈晋明副主编, 医院洁净手术部建筑技术规范实施指南. 北京: 中国建筑工业出版社, 2014.

[6] 日本空氣清淨協會編. 空氣清淨ハンドブシク, オヘム社, 1981.

[7] 沈晋明, 刘燕敏, 严建敏. 正确认识医疗环境控制技术, 暖通空调 2016, v46 (6): 73～78.

第 2 章　高压静电吸附

2.1　高压静电吸附的类型

　　静电空气净化器和工业电除尘器不同的主要一点是采用正电晕放电，即电离极是正电极。其次是电离极和集尘极上加的直流电电压极低，不需几万伏，只有几千伏到万伏，其产生的臭氧比工业电除尘器少多了。

1. 单区电离

　　单区电离又分为单区式和双区式。

　　单区电离的单区式：电离极和集尘极在同一段上（或筒中），如图 2-1 和图 2-2 所示。图 2-1 为电离丝放电，图 2-2 为针尖放电。

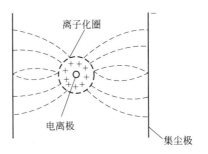

图 2-1　电场形式单区式

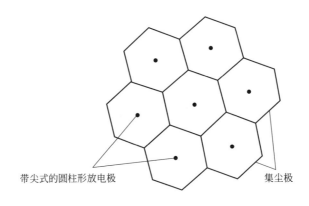

图 2-2　蜂窝（或圆筒）状管式静电场（针尖放电）

10

单区电离的双区式：电离极和集尘极分属两部分，如图 2-3 所示[1]，为电离丝放电。

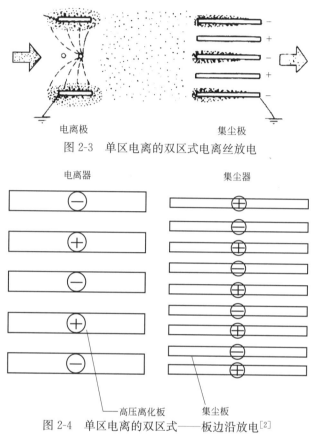

电离极   集尘极

图 2-3 单区电离的双区式电离丝放电

电离器   集尘器

高压离化板 集尘板

图 2-4 单区电离的双区式——板边沿放电[2]

2. 双区电离

如第 1 章介绍的 JZQ-II 型，每一区都有自己的电离极和集尘极，在长度或高度不变的条件下，缩短集尘极（从集尘极图上看，其后部集尘很少），改为：

电离极＋集尘极＋电离极＋集尘极

  └─┬─┘   └─┬─┘

   一区   二区

2.2 静电净化器的主要原理和结构

1. 主要原理

当采用正电晕时，在电离极的金属丝上加有足够高的直流正电压。两边的极板接地，这样就在电离极附近形成不均匀电场，空气中的少数自由电子从电场获得能量，和气体分子激烈碰撞，即形成碰撞电离，出现不完全放电——电晕放电。在电晕极周围可以看见一圈淡蓝色的光环，称为电晕。这样，在电离极附近充满正离子和电子，电子移向金属导线并在其上中和，而正离子在电场作用下作有规则的运动过程中，遇到中性的微粒时就附着在上面，使微粒带正电，这就是第一种荷电机理即电场荷电。其次，离子不仅在电场作用下运动，而且还有热运动，离子在热运动过程中附着于微粒而使微粒带电，则称之为第二种荷电机理，即扩散荷电。

荷正电的微粒进入积尘极空间（例如由带正负电的极板组成的空间）以后，受到正极板排斥而沉积在负极板上。所以集尘板上加的电压越大，则这种排斥和沉积的效果越好。表 2-1 是作者得到的结果一例。

效率和集尘极电压的关系　　　　　　　　　表 2-1

集尘极极板间风速 （m/s）	电容器电容量 （μF）	变压器输出电压 （V）	集尘极电压 （V）	浊度效率 （%）
1.3	8800	4200	7250	96.9
1.3	8800	3860	7000	96.5
1.3	8800	3410	6600	95.8
1.3	8800	2950	6250	93.7

为了避免产生臭氧，出现了不设置高压电离极的静电净化器，用特殊材料制成微孔进风通道，内部均匀分布纳米级碳纤维导电层，通电后每一个微孔内部形成超强静电场，捕获通过的微粒，类似集尘极。但这种静电净化器效率极低，初始效率仅有 46%[3]。

2. 结构上应注意的问题

在高电压下极容易引起放电，放电时不仅产生火花、声响，有危险，而且产生臭氧，吸力降低或丧失。实际应用中已有因停止吸附，反而吹出灰尘，使送风尘浓迅速上升的案例，有的甚至引起燃烧。即使极板经过电抛光之后表面仍然难免不光洁，特别是边缘有毛刺；即使表面光洁，只要表面积上一颗大的尘粒，特别是纤维，都能引起噼啪声响。某些地铁站中的静电净化器，用尼仑丝网作前置都不能解决这个问题，因此而不敢启用。所以静电净化器一定要有粗效或中效预过滤器置于入口端。

此外要防止装置内部的孔、缝的漏气而降低效率，还应在电离极（金属丝）和集尘极（金属板）的两端加两块接地极板，否则通过边缘的气流和微粒不易电离和沉积，降低了效率。

假定在集尘板上全长度内有效集尘而且很长时，集尘效率应接近 100%，但是实际上在集尘极板的整个长度上并不都能有效地集尘。从实测中可以发现，

JZQ-Ⅰ型静电自净器 30cm 长的集尘极极板，只有大约 2/3 的长度有明显的积尘；如果说气流中所含微粒已在这 2/3 长度的极板上全部沉积，那么这种静电自净器的效率应接近 100%，而事实上只有 70%～80%（见后面有关效率的比较表格）。这显然不是因为极板短而使微粒来不及沉积即已流出集尘极的电场，而只能是有一部分微粒没有荷电或荷电不足。对于荷电不足因而使微粒在电场中的运动速度即分离速度 u_c 很小的微粒，加长集尘极极板有助于其沉积的效果，但对于根本没有荷电的微粒，则加长极板也不能使之沉积。由于不荷电的微粒总是存在的，因此这里提出一个概念：有效集尘长度，这是指在一定电场强度下，集尘极板上只有一定的长度有集尘作用，超过这一长度，再长的极板也不能像公式所表明的那样，能收集更多的微粒，甚至全部收集。缩短极板的双区电离就是根据这一原理提出的。

为什么有一部分微粒荷电极少或不能荷电？根据电晕放电原理，主要原因有两个：

（1）由于电离极是一根金属丝，只有在靠近它的很小区域内才有较高的场强，离它较远的地方，电场强度小，离子运动速度也小，那里的空气还没有被电离（如果极间空气全部被电离，就发生电场击穿，出现火花放电，电路短路，静电自净器停止工作）。

（2）前面已经指出，在一定的电离极电压下，空气电离的强度是一定的，也就是说电荷量是一定的，如果进入自净器的空气含尘浓度高，则每个微粒所带电荷就不足，或者有一些微粒不能荷电。

如能通过实测得到有效集尘长度，则可以缩短极板，或采用双区电离。

更详尽的原理阐述，参见文献 [1]。

2.3 静电净化器的效率

1. 对微粒的总效率

（1）静电净化器效率的理论计算，见文献 [1]。这里引用实测数据[2]，样品规格如表 2-2 所示。

实验用净化器样品规格 表 2-2

样 品 编 号	1 号	2 号	3 号
静电场形式	双区、线板 （细线放电）	单区、均匀圆孔通道 （针尖放电）	单区、板式 （锯齿状针尖放电）
集尘板板	水平板板	圆孔极板	水平并列小圆管

样 品 编 号	1 号	2 号	3 号
放电电压(kV)	14.0(电晕极)/7.0(集尘极)	7.0	7.0
集尘极面积(m²)	5.376	1.414	1.250
尺寸(mm)	600×470×170	530×500×102	550×550×375
有效面积(m²)	0.2820	0.2809	0.2860
预过滤网	前置金属预过滤网	前、后置金属丝预过滤网	无
静电净化器静电场局部照片			

表 2-2 中样品规格的效率见表 2-3。

实测样品效率　　　　　　　　　　　表 2-3

分组粒径(μm)		≥0.3	≥0.5	≥0.7	≥1.0	≥2.0	≥5.0
风量(m³/h)	面风速(m/s)	大气尘分组计数效率(%)					
1 号样品							
1360	1.3	—	98.3	98.6	98.8	99.1	100.0
3400	3.3	—	76.8	87.8	93.5	97.0	100.0
2 号样品							
800	0.8	19.8	22.6	35.9	41.2	53.0	84.7
1200	1.2	14.1	16.1	23.7	29.3	50.0	69.4
1800	1.8	7.6	9.0	15.8	21.0	37.5	58.2
2500	2.5	4.8	6.8	11.0	14.7	28.8	54.1
3000	3.0	3.9	5.7	9.9	21.5	36.8	38.2
3600	3.6	3.6	5.6	10.4	22.6	28.4	37.1
3 号样品							
800	0.8	38.1	41.4	48.8	54.8	68.6	75.0
1200	1.2	23.5	25.0	33.7	35.1	48.3	65.5
1800	1.8	16.2	17.7	21.9	26.8	35.0	43.3
2500	2.5	13.3	15.0	18.0	21.3	28.6	33.3
3000	3.0	9.0	10.0	11.8	13.9	16.5	28.9
3600	3.6	7.5	8.4	10.9	12.8	20.8	30.0

14

从以上测定结果可见单区式（2号和3号样品）的效率太低，在面风速为0.8～1.8m/s时，其分组计数效率在20%～55%之间，仅达到粗、中效级别（相当于国外标准G4～F6）、双区式效率可达高中效至亚高效（相当于国外标准F7～F10），而第1章所述双区电离式则可达99%以上。

（2）集尘极电压一般在8000V左右。由于集尘极上形成了一定厚度的荷电微尘层，使其静电场之场强减弱，故在使用一些时间以后，效率下降。据实测数据[3]，一台初始效率（≥0.3μm）接近100%的进口静电空气净化器和初始效率为46%的无高压电离极静电净化器，在连续24h运行一周以后效率均下降，第一台第三周已降到40%，15周以后稳定在35%左右（包括对PM2.5，均见图2-5、图2-6），第二台则只有前者一半的效率。该实验未提供集尘的厚度，未进行清除积尘后的再测定。按该实验，如果一天运行10h，则仅可用到5周即需清洗。为能延长清洗时间，有的产品加上了可提高和稳定集尘极电压的装置，使其又复杂了一点。

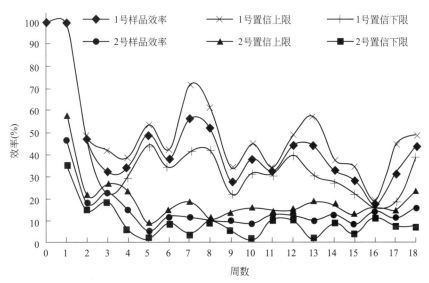

图 2-5　样本≥0.3μm 一次净化效率

注：1号样品即文中的进口静电净化器，2号样品即文中的
无高压电离极产品，1号样品的起点效率为99.9%。

（3）集尘极板间通过风速上升则效率下降。作者测定结果见表2-4。

风速对效率的影响　　　　　　　　　　　　　　　　表2-4

集尘极板风速(m/s)	浊度效率(%)	集尘极板风速(m/s)	浊度效率(%)
0.66	99.3	1.4	96.9
1.2	99.1	2.0	91.4

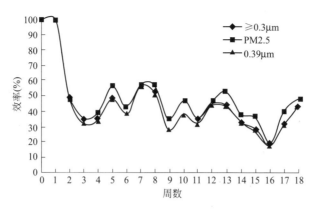

图 2-6　1 号样本 PM2.5 效率

注：起点效率为 99.9%。

图 2-7 是某型号产品性能曲线，风速是作者据其尺寸推算加上的，在通过风速也就是迎面风速大于 1.4m/s 以后，效率降到 90% 以下，在 2m/s 风速时，效率已降到 70%。

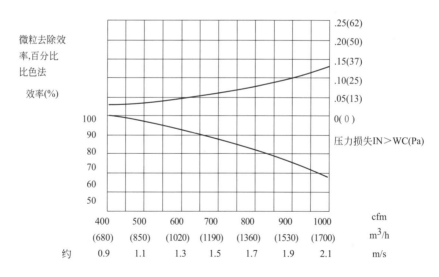

图 2-7　某型号静电净化器风速和效率（引自其样本）

2. 除菌效率测定例

在静电净化器的宣传中往往提到可以杀菌，杀菌机理不外乎和高压电场有关。其实这不是静电净化器的重要的特性，因为细菌和病毒都不能单独存在（详见后述），都有载体。静电吸附消除了尘粒也就相当于净化了细菌（由于无菌尘粒和有菌尘粒的原始浓度差别甚大，故效率值会有差别）。在无水无营养源情况下，极板上的细菌也会逐渐消亡，只要不断电、不吹出来。

表 2-5 是某些测定数据可供参考。

静电净化器除菌效率

表 2-5

静电过滤器 （未指出类型）	开机 1h	大气自然菌除菌率 79.9%（45m³ 房间，25～26℃，39%～43%）	同济大学研究生论文，毛华雄[2]
	开机 2h	大气自然菌除菌率 91.1%（45m³ 房间，25～26℃，39%～43%）	
静电净化器 （单区式）	开机 0.5h	手术室内除菌率 61.20% ICU 内除菌率 55.20%	军事科学研究院微生物流行病研究所报告，杨明华[3]
	开机 1.0h	手术室内除菌率 50.40% ICU 内除菌率 73.20%	
	开机 1.5h	手术室内除菌率 57.00% ICU 内除菌率 65.10%	
	开机 2h	手术室内除菌率 50.80% ICU 内除菌率 86.50%	
	开机 3h	手术室内除菌率 78.80% ICU 内除菌率 78.90%	
	开机 4h	手术室内除菌率 66.70% ICU 内除菌率 78.60%	

2.4　注意点

1. 安全

除了前面谈到的清洗难的问题，静电净化器毕竟是一个常有近万伏高压静电的装置，而由于大颗粒、纤维之类会引起放电，安全问题不容忽视，毕竟有过这方面的事故。

2. 臭氧

臭氧问题不可忽视。为了避免产生臭氧而牺牲高电压又导致效率下降。

3. 掉尘

停电、断丝等也可能吹落积尘，并停止工作，因其后再无遮挡，严重性可想而知。所以《医院洁净手术部建筑技术规范》GB 50593—2002 以强制性条文规定："静电空气净化装置不得作为净化空调系统的末级净化设施"，此后 2008 年德国医院标准 DIN1946 也规定："不允许使用静电除尘过滤器"代替高效过滤器。在静电空气净化器使用上这也应是注意之点。

4. 效率下降

效率很快急剧下降，这是一个很严重的后果，完全抵消了低阻的优势，使用时要特别关注对效率的要求。

本章参考文献

［1］ 许钟麟著. 空气洁净技术原理（第四版）. 北京：科学出版社，2013.
［2］ 毛华雄. 应用静电净化器改善室内空气品质研究. 上海：同济大学，2008.
［3］ 陈则雨，林忠平. 静电空气净化器实际运行效率研究. 制冷与空调，2017，1：71～75.

第 3 章　紫外线照射

3.1　紫外线照射的优缺点[1,2]

1. 优点

自从 20 世纪初世界上第一个紫外线水消毒装置诞生，发展到后来利用紫外线中的 C 波段（波长 253.7nm）照射灭菌可以取得最佳效果，这已是众所周知的事。在 20 世纪 50 年代高效过滤器出现前，紫外线照射消毒灭菌是气相灭菌的最主要手段，为室内空气除菌净化起到了关键的作用。关于紫外线的一般原理，本章不再重复。

下面列举出紫外线照射的优点[1,2]，探讨在空气净化器上使用的得失。

（1）广谱杀菌性

细菌、真菌、病毒甚至动植物细胞，皆可受紫外线照射而被杀灭。

（2）快速杀菌性

当近距离用紫外灯照射时，可在短于 1s 的时间内灭菌。

（3）装置经济性

紫外线杀菌只需要紫外灯和电源。紫外线在流动空气中杀菌，其装置结构也比较简便，特别是屏蔽式紫外线自循环风方式，因此十分经济。

（4）特别适合应急使用，例如移动式紫外线灯。

2. 缺点

（1）只能杀菌，不能除尘

菌虽被杀死，其尸体仍在，过敏原仍在，作为颗粒物仍在。非菌颗粒物仍在。

（2）杀菌效率的选择性

虽然紫外线照射具有广谱杀菌性，但对不同菌种，杀灭效率差别甚大。微生物对紫外线的敏感度见表 3-1[3]。

上述微生物对紫外线敏感度不同的原因之一是因为破坏不同菌体 DNA 所需紫外线剂量不同。

如设照射强度与照射时间的乘积为照射剂量，则当大肠杆菌所需剂量为 1 时，葡萄球菌、结核杆菌之类的约需 1～3，枯草菌及其芽孢以及酵母菌之类约需 4～8，霉菌类约需 2～50。以灭菌率而言，和作为阴性杆菌的灵杆菌和大肠杆菌相比，对阳性球菌的藤黄八迭球菌的杀菌率只有 1/5～1/6，对阳性杆菌的枯

草菌的杀菌率只有 $1/11$~$1/14$。

各典型微生物对紫外线敏感度　　　　　　　　　表 3-1

对紫外线敏感度	微生物类群	该类群的微生物
最敏感 ↓ ↓ ↓ 最不敏感	植物细菌	金黄色葡萄球菌(Staphylococcus aureus)
		化脓性链球菌(Streptococcus pyogenes)
		埃希式大肠菌(Escherichia coli)
		铜绿假单胞菌(Pseudomonas aeruginosa)
		黏质沙雷式菌(Serratia marcescens)
	分支杆菌	结核分支杆菌(Mycobacterium tuberculosis)
		牛分支杆菌(Mycobacterium bovis)
		麻风分支杆菌(Mycobacterium leprae)
	芽孢细菌	炭疽杆菌(Bacillus anthracis)
		蜡状芽孢杆菌(Bacillus cereus)
		枯草芽孢杆菌(Bacillus subtilis)
	真菌孢子	杂色曲霉菌(Aspergillus versicolor)
		产黄青霉菌(Penicillium chrysogenum)
		纸葡萄穗霉菌(Stachybotrys chartarum)

（3）杀菌的可逆性

杀菌的可逆性就是指被杀死的细菌在短则 2min，长约 1h 的时间内可以死而复生。这种"复生"一是源于光复生，即可见光可激活细胞的光复活酶，使 DNA 复制顺利进行。二是源于自我修复，例如在各种酶的作用下，DNA 分子中的受损伤部位被切除并被再合成复制出来[1,2,4]

（4）能刺激细菌变异

细菌受紫外线照射后可以发生变异，最严重的是产生了耐药性。

孙荣同等人发现[5]，阴沟杆菌和表皮葡萄球菌受紫外线照射后，都产生耐药性，其中阴沟杆菌的第 8 代对以下 5 种人类常用的抗生素出现了耐药性：

氯其西林；

阿莫西林/棒酸；

头孢西丁；

头孢唑啉；

亚胺培南。

表皮葡萄球菌的第 5 代对以下 3 种抗生素产生耐药性：

环丙沙星；

红霉素；

复方新诺明。

有研究者[6]怀疑，医院中空气微生物的耐药性高达 72%～76.9%，远远高于社区，是否与医院环境常常使用紫外线消毒有关，尚不能确定。

（5）受照射距离和时间影响很大

在距灯管中心 500mm 以内，照射强度与距离成正比，而在 500mm 以上，则照射强度大约与距离平方成反比[7]，图 3-1 即是实例：1 支 15W 紫外灯管的照射强度与距离的关系。从图中可见，100mm 时照射强度约为 $1200\mu W/cm^2$，200mm 时则降为不足 $600\mu W/cm^2$，400mm 时又降为 $260\mu W/cm^2$，500mm 时照射强度约为 $120\mu W/cm^2$，而 1000mm 时即下降为前者的 1/4 即 $30\mu W/cm^2$，2000mm 时又降为 1000mm 时的约 1/4 即 $8\mu W/cm^2$。

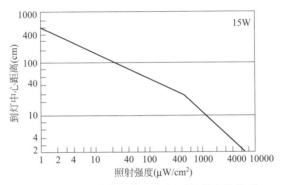

图 3-1　15W 紫外灯管距离和照射强度的关系

30W 紫外灯管，当距其表面不同距离时的紫外线照射强度如表 3-2 所列[8]。

距紫外灯表面不同距离时的紫外线照射强度　　　　　　表 3-2

强度($\mu W/cm^2$)	11000	8900	7700	6400	4700	2900
距离(mm)	0	10	20	34	65	100

可见，距表面 10cm 时，强度已下降到原来的 80%。

为了达到需要的照射剂量，对一定距离上的菌粒，只能增加照射时间来保证剂量，如果通过紫外灯光照射区的气流速度过快，只能提高反复通过次数，而在此期间，光复生的作用不容忽视。

（6）受环境因素影响很大

在 20℃时紫外灯出力最大，0℃时只剩下 60%，相对湿度在 40%～60%条件下灭菌效果最好，高于此湿度则杀菌率下降，温度达到 80%以上甚至有激活作用。

（7）效果随使用延续时间而下降

紫外灯管的寿命一般在 1000h 以上。紫外灯管的额定出力一般是指使用 100h 后的概略值，初始出力要高于此值 25%，而 100～300h 之间的出力逐渐下降，达到仅为额定值的 85%左右。

（8）产生有害气体

紫外线照射将产生有害气体——氮氧化物、臭氧是肯定的，只是产生多少不同而已。有的产品虽然称加了消除臭氧的措施，但一方面产生，一方面消除，徒然增加了费用。波长小于250nm的紫外线更容易产生光化学烟雾和有害气体。

前述圆筒形紫外线净化消毒器臭氧发生量虽然只有7PPb，远低于本底值，但氮氧化物在3h后增加到本底值的5倍以上，紫外线照射的这一后果是不容忽视的。

3.2 紫外线照射净化器的效率[1,8]

1. 紫外线照射剂量

在一定的紫外线照射剂量下，令受照射后的细菌生成率

$$S=10^{-m} \tag{3-1}$$

则灭菌率应为

$$P=1-S=1-10^{-m} \tag{3-2}$$

m 为指数

菌种在一定 S 下所需照射剂量设为 E_0，见表 3-3[1]。对灵杆菌，灭菌率为 90% 时为 $1030\mu W/(s \cdot cm^2)$；如照射 1min 则只需 $17.1\mu W/(s \cdot cm^2)$。不同的文献此剂量略有不同，有的差别甚大。

在实验室空气中获得**90%杀菌率所需紫外线强度**　　　　表 3-3

细菌种类	灵杆菌	大肠杆菌	藤黄八选球菌	枯草芽孢杆菌
照射剂量 $E_0[\mu W/(s \cdot cm^2)]$	1030	1000	4930	11500

2. 圆筒形紫外线净化器的计算

对于圆筒形直径为 D 的净化器，需设 15W 灯管，数量为 n，则有：

$$n=\frac{mE_0Q\times10^{-2}}{1.1D} \tag{3-3}$$

式中　Q——循环风量，m^3/min；

　　　D——圆筒直径，m。

由式(3-3)可反求出 3 支 30W 相当于 6 支 15W 灯管时的 m，由 m 求出 P，对于第 1 章提到的屏蔽式循环风紫外线消毒器，计算结果如表 3-4 所列。

圆筒形紫外线消毒器灯管数计算值　　　　表 3-4

筒径 D（m）	实际风量 Q（m^3/min）	实验灵杆菌 E_0（$\mu W \cdot min/cm^2$）	实际灯管数 n（$n\times W$）	m 的计算值	实际灯管数的理论灭菌率（%）	理论灭菌率为99%时的灯管数（$n\times W$）
0.264	5.33	17.1	3×30（按6×15计）	1.91	98.8	7×15

由表 3-4 可见，装 3 支 30W 紫外灯管的紫外线净化器，在 320m³/h 的风量

通过时，最终最高理论灭菌率达到 98.8%。

3.3 灭菌效果的实测结果

1. 圆筒内紫外线强度的分布

该圆筒形紫外线净化器筒内布置 3 支灯管时计算机得出其照射强度分布[9]，见图 3-2。

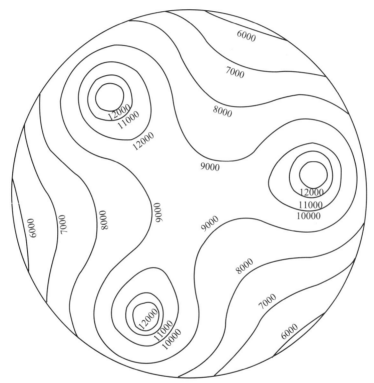

图 3-2 筒内某断面的紫外线强度分布图（$D = 264$mm）

（单位 μW/cm^2）

从图 3-2 中可见，强度极大值在灯管管壁处，极小值在与最近两个灯管等距离的筒壁处，在以 3 个灯管为顶点的等边三角形内有一个比较平坦的高剂量区。

由于灯管长 1m，筒内风速 0.4m/s，停留时间 2.5s，所以此高剂量区剂量应为 $2.5 \times 9000 = 22500\mu$W/(s·cm^2)。这还不算光亮筒壁反射照射（可达 70%）的作用。因此，应有很高的杀菌率。

2. 实用实测结果

（1）上述紫外线净化器用于相当有 11.2 次/h 换气的紫外线净化器实验室，

消毒效果如表 3-5 所列[10]。

实验室消毒效果　　　　　　　　　　　　　　　　表 3-5

时间(min)	三种层高测定值的平均去除率(%)
15	92.16～92.59
30	92.98～96.23
60	95.98～97.89
120	92.14～92.67

可见上述 XK-1 型圆筒形紫外线净化值在 15min 时室内灭菌率还未升到最大，净化器充分发挥作用，室内空气达到最大灭菌率，也就是理论灭菌率，即平均值 97.89%，这和表 3-4 的计算值 98.8% 几乎一致。由于前述的筒形镜面反射，理论效率还要高，实际效果也应还高。但由于尘粒对细菌的保护，实际效果反降下来，致使上述实测值和计算值相当。60min 以后，由于室内总体菌数逐渐下降，通过紫外线净化器的细菌密度也下降，因而显得消毒效果可能降低。

（2）上述紫外线净化器用于 10.84m² （高 2.6m）的病房，在工作面布置 5 个测点，消毒效果如表 3-6 所列[10]。

病房消毒效果　　　　　　　　　　　　　　　　表 3-6

序号	温度(℃)	相对湿度(%)	进出人数(人次)	时间(min)	细菌去除率(%)
1	17.6	22	5	15	33.78～74.42
2	17.2	25	8	30	50.11～76.01
3	18.2	26	6	60	82.32～86.64

表 3-7[11]、表 3-8 的数据也大致相仿。

不同消毒方法杀菌效果的比较　　　　　　　　　　表 3-7

消毒方法	消毒前细菌数(cfu/m³)	消毒后细菌数(cfu/m³)	杀菌率(%)
仓术熏	642	204	88.22
三氧消毒机	673	55	92.82
紫外线	601	103	82.86
甲醛	598	135	77.42

紫外线杀菌效果　　　　　　　　　　　　　　　　表 3-8

风管内安装紫外线灯管	风速 $v=3$m/s	一次通过杀菌率80%[12]
11.6m² 房间安装循环风紫外线消毒器	新风由粗、中、亚高三级过滤机组送风	开机稳定后室内灭菌率93%①

注：①数据来源于国家建筑工程质量监督检验中心的测试结果。

在实际病房内使用效果之所以低于实验室效果，一是因为有人进出，二是实验室为人工发灵杆菌的测定，病房内菌粒则附着在尘粒上，可能受到尘粒的保护，还有气流不均匀性影响，因此有人病房中的实测值比实验室实验值低，同时，不能除尘只能杀菌的紫外线照射除菌率应比尘菌一起去除的手段的除菌率要低。

本章参考文献

[1] 许钟麟著．空气洁净技术原理（第四版）．北京：科学出版社，2013.

[2] 于玺华．紫外线照射消毒技术的特性及应用解析．暖通空调，2010，40（7）：58～620.

[3] 刘明，沈晋明，刘超．通风空调系统中紫外线辐射消毒的应用，暖通空调，2010，40（1）.

[4] 足立伸一等．気相中ておける紫外线の抗菌作用に関すゐ研究（第1报）．防菌防黴，1989，17（1）：15～21.

[5] 孙荣同，王明义等．紫外照射对两种不同类型细菌的影响．中国消毒学杂志，2009，26（2）：158～161.

[6] 陈艳华，李晖等．医院空气中细菌分类及耐药性分析．中国抗生素杂志，2006，31（8）：505～507.

[7] 古橋正吉．紫外线照射殺菌研究の现况．医科器械学，1990，60（7）：315～326.

[8] 许钟麟，陈长镛，沈晋明等，筒式紫外线消毒器灯管数和灭菌率的计算方法．细菌研究，1998，3.

[9] 徐立大，王俊起，林秉乐等．关于消毒器性能的几点说明——屏蔽式循环风紫外线消毒器研究分报告之五（鉴定会资料），1993.

[10] 陈长镛，许钟麟，林秉乐等．屏蔽式循环风紫外线消毒器的研制综合报告（鉴定会资料），1993.

[11] 任春兰，杜敏．四种消毒方法效果观察．中华医院感染学杂志，2000，10（6），403.

[12] 王颖．风管内紫外线动态照射空气消毒技术的研究．天津：天津大学，2011.

第4章　纤维层阻隔式空气过滤

4.1　纤维层阻隔式空气过滤的基本原理

颗粒层、纤维层、微孔膜、表面覆膜纤维层、丝网、多孔板等对于颗粒物的去除皆属于阻隔式过滤。本章只讨论纤维层空气过滤的基本原理。

纤维层包括纤维填充层、无纺布和滤纸等。

纤维层阻隔（过滤）颗粒物的原理，主要有以下5种：

1. 拦截（或称接触、钩住）效应

在纤维层内纤维错综排列，形成一层网格。这样的网格有几十至一百多层。当某一尺寸的微粒沿着气流流线刚好运动到纤维表面附近时，假使从流线（也是微粒的中心线）到纤维表面的距离等于或小于微粒半径，微粒就在纤维表面被拦截而沉积下来，这种作用称为拦截效应。筛子效应属于拦截效应。

2. 惯性效应

由于纤维排列复杂，所以气流在纤维层内穿过时，其流线要屡经激烈的拐弯。当微粒质量较大或者速度（可以看成气流的速度）较大，在流线拐弯时，微粒由于惯性来不及跟随流线同时绕过纤维，因而脱离流线向纤维靠近，并碰撞在纤维上而沉积下来。如果因惯性作用微粒不是正面撞到纤维表面而是正好撞在拦截效应范围之内，则微粒的被截留就是靠这两种效应的共同作用了。

3. 扩散效应

由于气体分子热运动对微粒的碰撞而产生微粒的布朗运动，对于越小的微粒越显著。

常温下 $0.1\mu m$ 的微粒每秒钟扩散距离达 $17\mu m$，比纤维间距离大几倍至几十倍，这就使微粒有更大的机会运动到纤维表面而沉积下来，而大于 $0.3\mu m$ 的微粒其布朗运动减弱，一般不足以靠布朗运动使其离开流线碰撞到纤维上面去。

4. 重力效应

微粒通过纤维层时，在重力作用下发生脱离流线的位移，也就是因重力沉降而沉积在纤维上。由于气流通过纤维过滤器特别是通过滤纸过滤器的时间远小于

1s，因而对于直径小于 $0.5\mu m$ 的微粒，当它还没有沉降到纤维上时已通过了纤维层，所以重力沉降完全可以忽略。

5. 静电效应

由于种种原因，纤维和微粒都可能带上电荷，产生吸引微粒的静电效应。

除了有意识地使纤维或微粒带电外，若是在纤维处理过程中因摩擦带上电荷，或因微粒感应而使纤维表面带电，则这种电荷既不能长时间存在，电场强度也很弱，产生的吸引力很小，可以完全忽略。

这 5 种原理在一个过滤器中综合作用的结果，对于不同类型的颗粒粒径或滤速都有一个效率最低点，这是因为有的原理粒径越小效率越高，有的正相反。滤速作用也类似。

这 5 种原理的定量分析及效率的理论计算，在作者《空气洁净技术原理》（第四版）[1] 中有详述，此处从略。

4.2 纤维层阻隔式空气过滤器的基本指标

纤维层阻隔式空气过滤器的基本指标主要有以下四项：

1. 面速和滤速

面速是指过滤器迎风断面上通过气流的速度，一般以 m/s 表示，它反映过滤器处理风量的能力和安装面积。

滤速是指滤料展开面积上通过气流的速度，它反映滤料的通过能力，特别是反映滤料的过滤性能。

过滤器的滤速范围见表 4-1。

过滤器滤速范围   表 4-1

种类	粗效过滤器	中效、高中效过滤器	亚高效过滤器	高效过滤器
滤速量级	m/s	dm/s	cm/s	cm/s

粗效过滤器的滤速可达到 m/s 量级，中效、高中效过滤器一般在 dm/s 量级。亚高效过滤器为 5~7cm/s，高效、超高效过滤器一般为 2~3cm/s。

2. 效率和透过率（穿透率）

当被过滤气体中的含尘浓度以计重浓度来表示时，则效率为计重效率；以计数浓度来表示则为计数效率（如显微镜计数、光散射式计数）；以其他物理量作相对表示时，则为比色效率或浊度效率等。

最常用的表示方法是用过滤器进出口气流中的尘粒浓度表示的计数效率：

$$\eta=\frac{N_1-N_2}{N_1}=1-\frac{N_2}{N_1} \tag{4-1}$$

式中 N_1，N_2——分别为过滤器进出口气流中的尘粒浓度，粒/L。

在过滤器的性能试验中，往往用与效率相对的透过率来表示，习惯用 K（％）表示透过率：

$$K=(1-\eta)\times100\% \tag{4-2}$$

根据作者计算分析[1]，在常见的大气尘分布情况下，对 $0.3\mu m$ 的微粒效率为 99.91% 时，则对 $0.5\mu m$ 微粒效率为 99.994%，对 $\geqslant0.5\mu m$ 微粒的效率为 99.998%，近似看作"5 个 9"，即 99.999%。

3. 阻力

过滤器的全阻力由两部分构成，一是滤料阻力，二是过滤器结构阻力。

滤料阻力和滤速成正比，过滤器的全阻力则和滤速成指数方关系，见图 4-1。

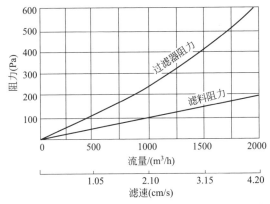

图 4-1 高效过滤器阻力与流量（滤速）的关系一例

降低过滤器的阻力除了应选择本身阻力低的滤料外，着重应：

扩大滤料面积；

降低气流通道长度，减少气流摩擦阻力；

简化气流进出入通道口结构，降低气流进出入通道口的速度，以降低气流局部阻力。

以上三种措施有的以增加过滤器面积或体积为代价，也可以设法不增加或很少增加过滤器面积或体积，已有成功的案例。

4. 容尘量

过滤器容尘量是和使用期限有直接关系的指标，如果过滤器一直使用下去，达到灰尘已穿透而达到背风面，那当然不允许，一般是规定一个限制，早期通常把阻力升高到等于额定风量时的阻力的 2 倍，即终阻力＝2×额定风量时初阻力时，过滤器上所能容纳的尘量。

实践证明，选择终阻力太大，风量变化太大（将降低约 1/2 以上），对于需要保持风量不变的，调节风量困难；同时耗能也增加太多，不见得合算；也有可能带来污染（过滤器质量不好因压差增大而容易渗漏、穿透，设备内部缝隙也增加了渗漏的风险）。

实践和理论均证明，过滤器的通过风量不应达到额定风量，降低每台过滤器的使用风量似乎要增加过滤器数量，但其寿命却延长更多，更换周期更长，则在某一长期使用时间中总的过滤器消耗量反而降低了，而且因降低了阻力，还节能了，效率也更好些。表 4-2 为过滤器使用风量和寿命的关系[1]。

使用风量和寿命的关系 表 4-2

使用风量	0.5	0.7	0.75	0.8	1.0	1.25
额定风量下寿命T_0	$3.5\,T_0$	$2.15\,T_0$	$1.91\,T_0$	$1.7\,T_0$	T_0	$\dfrac{T_0}{1.7}=0.59\,T_0$

所以在《医院洁净手术部建筑技术规范》GB 50333—2013 中就规定末端过滤器的使用风量不宜超过其额定风量的 70%，这样寿命延长 1 倍以上。例如原来用 2 个过滤器，半年换 1 次，1 年换 2 次已买了 6 个过滤器；现在用 3 个过滤器，一年才换 1 次，一年也买了 6 个过滤器，但阻力小了，能量省了。但 2 年以后前者已用了 10 个过滤器，后者只用了 9 个过滤器。

所以不应等到阻力升高到 2 倍额定风量下的阻力、风量降低一半的时候再换过滤器，看起来省了，实际费了。而且风量降低一半甚至更多是使用所不能接受的。现在一些标准规定终阻力达到设计初阻力或运行初阻力的 2 倍时再更换过滤器：

即   更换终阻力＝2×设计初阻力   (4-3)

或   更换终阻力＝2×运行初阻力   (4-4)

就是根据上述原理。当然这个倍数可以根据实际情况调整。例如规定当过滤器效率降低到初始效率 85% 或风量降低到初始风量的 85%，可以更换过滤器。

再者，由于空气净化器中过滤面积应尽可能大，其初始阻力很小，按式 (4-3)、式(4-4) 确定更换过滤器的周期可能短了，厂家可以根据实验给出一个或设定一个合适的阻力增长倍数换过滤器，并在净化器上予以智能化。

对于阻隔式纤维过滤器，初始效率在相当长时间内不会降低只能略升高（积尘太多就是另一回事了），所以也可使用风量降低到额定风量 85% 时更换过滤器的做法。

对于空气净化器以风量降到一半的时间作为其寿命不甚合适，应采用净化行业通行的 85% 的标准（如《洁净室施工及验收规范》GB 50591—2010 规定：各风口的风量与各风口设计风量之差均不应超过设计风量的 ±15%），这一问题以后还要讨论。

4.3　纤维层阻隔式过滤器的特点

1. 既除尘也除菌

纤维阻隔式过滤器对于颗粒物的阻留皆有效。

空气中的颗粒物分为：

总悬浮颗粒物（TSP）：粒径（空气动力学直径，下同）：$\leqslant 100\mu m$；

颗粒物（TP）：也称可吸入颗粒物，又称飘尘，粒径：$\leqslant 10\mu m$，表示为 PM10；

细颗粒物：粒径$\leqslant 2.5\mu m$，表示为 PM2.5；

细菌和病毒不仅本身是颗粒物，裸体病毒的最小尺寸是 8nm，最大可达 $0.3\mu m$；裸体细菌则从亚微米到 $10\mu m$。但是细菌和病毒都必须附着于载体上，此时称其大小为等价直径。

据实测，按 $\rho=1$ 和 $\rho=1.5$ 计算的细菌、病毒沉降等价直径，在普通的和洁净的房间中平均分别为 $5.2\mu m$ 和 $3.9\mu m$；病毒为 $2\sim 5\mu m$，可取 $3\mu m$[1]。例如自然存在的口蹄疫病毒微粒，其真实大小仅有 $25\sim 30nm$，但分级采样结果表明，$65\%\sim 71\%$ 大于 $5\mu m$，$19\%\sim 24\%$ 为 $3\sim 6\mu m$，仅有 $10\%\sim 11\%$ 小于 $3\mu m$[2]。

所以那种认为纤维阻隔式过滤器只能除尘不能除菌更不能除病毒的观点是不成立的。

从图 4-2 可见[3]，大部分病毒中能透过过滤器的很少（即效率高），所以不是过滤器对病毒的效率一定低于对细菌的效率。

至于担心微生物能穿透滤材或者在滤材上繁殖，因此要在滤材中加上什么物质以杀菌，是没有必要的[1]。就是人们担心的流感病毒，在不锈钢和塑料表面能存活 $24\sim 48h$，但在纸和纸巾表面存活时间则少于 $8\sim 12h$[4]，因为这种病毒不适应较高的相对湿度。

2. 除尘除菌无选择性

尘粒有导电不导电、含水不含水之分，细菌有植物细菌、杆菌、球菌、芽孢菌和真菌之分。

根据 ISO 定义，雾是气体中液滴的悬浮体的总称，而雾和大量细小固态微粒结合就是霾。或者说，霾是含液体（水和溶解的硫酸盐、硝酸盐等的液体）的粒子。高压静电吸附作用对于导电微粒、含水微粒都不是合适的手段。

不同的细菌，对紫外线的敏感性不同，见本书第 3 章表 3-1，所以紫外线对于不同细菌的杀灭作用不同。

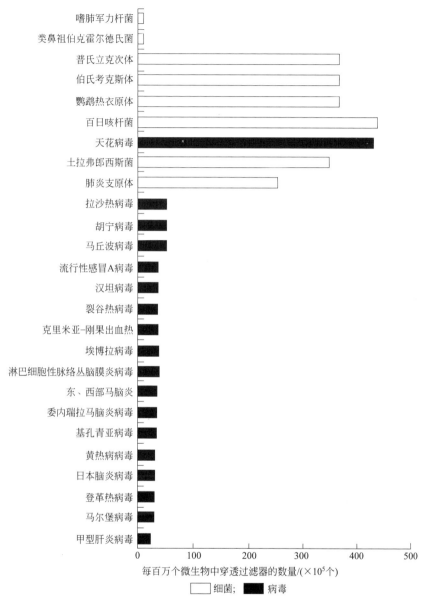

图 4-2 一组选定的微生物穿透过滤器情况

对于阻隔式纤维过滤器，则对这些微粒只问大小，不问"身份"，对"身份"无选择性。

3. 效率的广谱性、恒定性、范围既广且高

阻隔式纤维过滤器都可以从粗效（不计简单的网）到超高效，见表 4-3。

纤维过滤器的效率范围   表 4-3

中国标准	代号	额定风量下的效率 $E(\%)$		相当于欧洲标准	
				EN779	EN1822
粗效过滤器 4	C4	标准人工尘计重效率	$50>E\geqslant10$	G1	
粗效过滤器 3	C3		$E\geqslant50$	G1~G2	
粗效过滤器 2	C2	粒径≥2.0μm计数效率	$50>E\geqslant20$	G2~G3	
粗效过滤器 1	C1		$E\geqslant50$	G3~G4	
中效过滤器 3	Z3	粒径≥0.5μm计数效率	$40>E\geqslant20$	G4~F5	
中效过滤器 2	Z2		$60>E\geqslant40$	F5~F6	
中效过滤器 1	Z1		$70>E\geqslant60$	F6~F7	
高中效过滤器	GZ		$95>E\geqslant70$	F7~F9	
亚高效过滤器	YG		$99.9>E\geqslant95$	F9	H10~H11
高效过滤器	A	钠焰法效率	$99.99>E\geqslant99.9$		H12~H13
高效过滤器	B		$99.999>E\geqslant99.99$		H14
高效过滤器	C		$E\geqslant99.999$		U15
超高效过滤器	D	粒径≥0.1~0.3μm计数效率	≥99.999		U16
超高效过滤器	E		≥99.9999		U17
超高效过滤器	F		≥99.99999		U17

由于测试粒径不同，如欧洲标准对高效以上过滤器用最大穿透粒径，高效以下用 $0.4\mu m$ 粒径，所以表 4-3 的比较具有一定相对性。国产的净化设备根据有关国家标准的要求应先标明国内的过滤器名称或代号，再注明相当于国外某标准代号，不应该只标后者。

从第 2、3 章可知，静电的和紫外线的空气净化器的效率一般会随着使用时间延长而逐渐降低，而纤维阻隔式过滤器则不降还应有些上升，可以认为是恒定的。

从第 2、3 章可知，高压静电吸附和紫外线照射微粒或菌粒的效率只能在一个极小范围，如"1 个 9"（90%）左右。而高效过滤器对菌粒的效率要高于对 $0.3\mu m$ 或≥$0.5\mu m$ 微粒的效率。表 4-4 是研究负压隔离病房[5]时的测定结果：对菌粒的效率可高出尘粒效率一个量级。

负压隔离病房测定结果   表 4-4

	对≥0.5μm微粒效率	对枯草杆菌和芽孢的效率
高效过滤器 B	99.999%	99.99997%
高效过滤器 C	99.99994%	99.999997%

这是因为被测裸体菌粒的线长约 $1\mu m$，径宽约 $0.5\mu m$，见图 4-3 和图 4-4[6]。

|——————| 20μm

图 4-3　枯草杆菌芽孢的电镜照片（1700 倍）

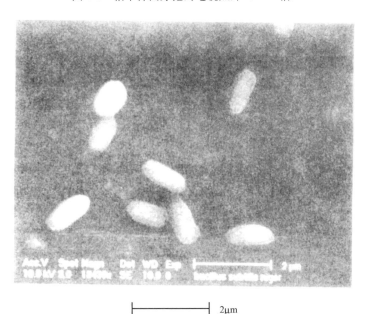

|——————| 2μm

图 4-4　枯草杆菌芽孢的电镜照片放大（13500 倍）

芽孢的耐紫外线照射能力很强，即杀灭率较低，而过滤器不问有无芽孢，只管它的大小，高效过滤器的菌粒去除率达到"7 个 9"以上，这是任何其他方法无法比拟的。

滤纸过滤器如高效过滤器，是由 100 余层纤维网叠成约为 $0.25\sim0.3mm$ 厚的滤纸，即使每层网捕获微粒的几率不到 10%，则总的几率也将达到"5 个 9"

以上，所以高效过滤器效率高并不奇怪。

4. 不产生副作用

阻隔式过滤不产生有害物质（微粒或气体），不产生电磁场，没有化学反应，它是机械阻隔。

德国标准 DIN 1946-4（2008）指出，对于净化装置，"在机组运行时不能有任何有害健康的物质挥发到机组内，即使是使用抗菌过滤器或含有特殊材料的过滤器。"含有抗生素和溶菌酶等过滤器可能就是这种特殊材料。所以"非典"期间，美国 ASHRAE 杂志声明对化学过滤器的态度是不支持的，一再告诫要慎重采用抗菌产品。在本书第 2 章中已指出，上述德国标准还规定手术部不允许用静电过滤器代替高效过滤器，我国标准 GB 50333 早在 2002 年就作过此规定。

同样，也不能把紫外线看成是空气消毒的最好帮手，甚至认为可以代替过滤器。国内外药品生产质量管理规范（GMP）对紫外线的负面评价（见表 4-5）应引起我们的思考[7]。

国内外药品 GMP 对紫外线灭菌的评价 表 4-5

GMP	条款	评价
WHO	17.34	"……由于紫外线的效果有限,不能用紫外线代替化学消毒"
	17.65	"……最终灭菌不得使用紫外线辐照法"
EEC(欧共体)	附录 1:70	"……通常情况下,紫外线辐射不能作为灭菌方法使用"
EU(欧盟)	附录 1:70	"……通常情况下,紫外线辐射法不是一种可接受的消毒方法"
中国,2010 版	附录 1:43	"……不得用紫外线消毒替代化学消毒"

所以有研究者综述文献后指出[4]：在气源性隔离病房的循环空气前面不建议使用紫外线进行空气处理，也不建议作为高效过滤器的替代品。

上述材料及本书第 1 章引用的美国 EPA 的评价，正好说明美国 ASHRAE 2015 年发表的《对过滤和空气净化装置的立场文件》[8] 观点的根据，说明阻隔式纤维过滤器可能是空气净化器的唯一选择。上述观点是：

"本立场文件涉及过滤和空气净化器的健康效果。根据经审阅存档的文献的数据形成了对性能的总结性陈述以及对特定技术的观点。一个关键的陈述是健康效益的显著证据目前仅存在于多孔介质的颗粒过滤系统。对于其他一些技术，有证据表明对健康有好处，但这种证据不足以得出确切的结论。一个关键的立场是，如果过滤和空气净化技术产生显著的、已知或预期有害健康的污染物，则不建议使用。"

5. 效率不降反升

在过滤器有效的使用时间内，随着积尘的增加，效率一般不降反升，积尘太多穿透了，已不在有效使用期内，这和前述使用中的静电过滤器是不同的。

6. 风速对设备效率的影响较小

阻隔式过滤器由于滤材的通过面积可以远大于设备的迎风面积，所以通过风速对迎风面风速的影响可以降低，对效率的影响也就较小。静电净化器的迎风面就是或略小于通过风速，所以不适用于大风量。

7. 相对的价廉

过滤器元件或过滤器风口要比诸如纳米光催化、静电吸附等元件或风口相对便宜得多、简单得多。

8. 有一定阻力，要定期更换

纤维层过滤器有阻力，这往往是被指责的一个因素。单纯静电净化器或紫外线消毒器或纳米光催化消毒器虽然本身阻力很小，但不可能单独使用。前面已说过，它们的入口必须有粗效甚至中效过滤器，则在额定风量时粗效过滤器阻力标准规定可达 50Pa。紫外线消毒器的出口为了防止紫外线外泄和滤尘，也往往被加上效率更高的过滤器，某型号的产品上甚至增加高效过滤器。静电净化器为安全计进出口也加有过滤器甚至高效过滤器。表 4-6 是毛华雄测定的几组静电净化器阻力[9]。加了后置 W 过滤器后阻力很高。所以笼统地说静电净化器或紫外线消毒器的阻力比纤维层过滤器小是不确切的，要以完整的装置的阻力进行比较。

净化器初阻力测试结果　　　　　　　　　　　　　　　　表 4-6

序号	风量(m³/h) (面风速 m/s)	过滤器初阻力(Pa)			
		1 号样品	2 号样品	3 号样品	3 号＋W 样品
1	800(0.8m/s)	2.9	2.9	2.9	170.6
2	1000(1.0m/s)	4.9	4.9	3.9	215.8
3	1200(1.2m/s)	7.8	6.9	4.9	274.6
4	1500(1.5m/s)	10.8	10.8	7.8	337.4
5	1800(1.8m/s)	14.7	13.7	11.8	419.7
6	2000(2.0m/s)	18.6	18.6	14.7	488.4
7	2500(2.5m/s)	27.5	29.4	22.6	635.5
8	3000(3.0m/s)	39.2	41.2	33.3	788.5
9	3600(3.6m/s)	55.9	59.8	49.0	994.4

纤维层过滤器由于改进结构可以大幅度降低阻力，表 4-7 是作者等研发的具

有 85％的微粒计数效率（$\geqslant 0.5\mu m$）、99％以上滤菌效率的超低阻高中效过滤器经国家建筑工程质量监督检验中心检测的阻力。

超低阻高中效过滤器阻力   表 4-7

	风速（m/s）							
	0.31	0.41	0.52	0.61	0.71	0.79	0.89	0.99
阻力(Pa)	8	10	12	13	15	17	19	21

注：数据来源于国家建筑工程质量监督检验中心的检测报告和潘红红、曹国庆等人的测试结果。

改进过滤器和装置的结构，结构阻力可大幅降低，使用时间更长，新专利、新产品已经出现。

一个Ⅱ级洁净手术室用的专利产品新风净化机组，其粗效段是自洁型的，阻力极小且无终阻力，中效和高中效（或亚高效）段经国家建工质检中心测定在设计风量下仅 14Pa。由于过滤面积大增，使用期限大大延长。

亚高效滤纸的阻力将比高效的小很多，新型滤材的高效滤纸已出现，其阻力要低 1/3 左右。

至于需要更换过滤器，要比本书第 1 章介绍的多层叠置、串联式净化器更换部件或静电式的清洗要方便、安全得多。无纺布之类纤维材料，清洗不仅费水费事，也大大降低了原有性能，一般皆为一次抛弃型。

本章参考文献

[1] 许钟麟著. 空气洁净技术原理（第四版）. 北京：科学出版社，2013.
[2] 于玺华，车凤翔. 现代空气微生物学及采检鉴技术. 北京：军事医学科学出版社，1998.
[3] 于玺华. 空气净化是除去悬浮菌的主要手段. 暖通空调，2011，41（2）：32～37.
[4] Farhad Memarzadeh 等. 紫外线辐射消毒在卫生医疗设施中的应用：一种有效的辅助手段，但不是单一可使用的技术. 全国净化学术会议论文集，2011.
[5] 张益昭，许钟麟，赵力等. 隔离病房回风高效过滤器滤菌效率的实验研究. 暖通空调，2006，36（8）：95～112.
[6] John Schmidt et al，PPPL（Princeton Plasma Physics Laboratory）Digest. 2003，10：1～4.
[7] 潘红红. 关于持续使用紫外线消毒除菌方法在空调房间适用性的探讨——《医院洁净手术部建筑技术规范》修订组研讨系列课题之六. 暖通空调，2013，43（7）：27-29.
[8] 沈晋明，刘燕敏，严建敏. 正确认识医疗环境控制技术. 暖通空调，2016，46（6）：73～78.
[9] 毛华雄. 应用静电净化器改善室内空气品质研究. 上海：同济大学，2008.

第5章 空气净化器运行工况特性

根据前面几章的分析，在一般环境下，只需要使用颗粒物空气净化器，而纤维层阻隔式空气过滤器则是首选。要知道设计空气净化器的主要依据，则必须了解空气净化器的运行工况[1]。

5.1 空气净化器的运行工况

根据使用目的和场合不同，空气净化器可以有不同的4种运行工况。

1. 在试验舱中的工况

在试验舱中，没有也不考虑舱体、舱内等的发尘，舱是封闭的，没有人员。只有为了试验，在舱内发烟并使其混合均匀，达到要求的浓度，作为原始浓度，然后空气净化器自循环运行，达到规定时间，停止运行。

2. 引入部分新风的工况

室内有发尘。为了抵御室外大气尘的入侵或室内人员的卫生需要，空气净化器引入器内一部分新风经处理后与大部分循环风一道送入室内，即大部分为室内自循环风。这种运行工况常在没有通风系统的室内出现。

3. 完全室内自循环的工况

室内有发尘，有大气尘入侵，无新风引入，空气净化器在室内作自净的循环运行。这是最普遍的空气净化器运行工况。

4. 作为系统补充作用的工况

室内有通风甚至净化系统，在局部地区用空气净化器消除局部涡流，或提高局部地区换气次数以强化局部地区净化效果，或为了降低全室或系统的换气次数，总之起到系统的补充作用。

5.2 试验舱运行工况的特性

1. 稳定含尘浓度通式

首先看一下系统中过滤器不同布置位置的系统送风模式，见图5-1。

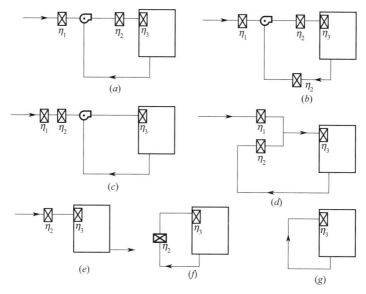

图 5-1　过滤器不同布置的系统

对于这些不同的图式，为了计算室内含尘浓度，要用不同的表达式，难以记忆。作者于 1971 年提出了改进的均匀分布理论的统一公式，由于采用了"新风通路上的总效率"和"回风通路上的总效率"这两个新概念，结果统一了表达式，显得十分简明。因此稳定时室内含尘浓度可以统一用下式表达[2]：

$$N=\frac{60G\times10^{-3}+Mn(1-s)(1-\eta_n)}{n[1-s(1-\eta_r)]}\tag{5-1}$$

式中　η_n——新风通路上的过滤器总效率；

η_r——回风通路上的过滤器总效率；

G——将室内有关发尘量化为均匀分布的发尘量，即粒/(m^3·min)，计算时也可化为计重浓度；

M——大气尘浓度，粒/L，计算时也可化为计重浓度；

S——循环风比；

n——换气次数，h^{-1}；

如图 5-1 中的（a）将有：

$$N=\frac{60G\times10^{-3}+Mn(1-s)(1-\eta_1)(1-\eta_2)(1-\eta_3)}{n[1-s(1-\eta_2)(1-\eta_3)]}\text{粒/L}\tag{5-2}$$

又如图 5-1 中的（c）将有：

$$N=\frac{60G\times10^{-3}+Mn(1-s)(1-\eta_1)(1-\eta_2)(1-\eta_3)}{n[1-s(1-\eta_3)]}\text{粒/L}\tag{5-3}$$

以此类推。若单位改为 $\mu g/m^3$，并不影响公式的实质。

2. 瞬时浓度通式

分子上的 $(1-\eta_1)(1-\eta_2)\cdots\cdots$，用 $(1-\eta_n)$ 表示，分母上的用 $(1-\eta_r)$ 表示，则对于 t 时刻的浓度 N_t 有：

$$N_t = \frac{60G\times10^{-3}+Mn(1-s)(1-\eta_n)}{n[1-s(1-\eta_r)]}\times$$

$$\left\{1-\left[1-\frac{N_0 n[1-s(1-\eta_r)]}{60G\times10^{-3}+Mn(1-s)(1-\eta_n)}\right]e^{-nt[1-s(1-\eta_r)]/60}\right\} \quad (5\text{-}4)$$

式中 N_0 是 $t=0$ 时的室内原始浓度。

将式 (5-4) 展开则有：

$$N_t = \frac{60G\times10^{-3}+Mn(1-s)(1-\eta_n)}{n[1-s(1-\eta_r)]}-\frac{60G\times10^{-3}+Mn(1-s)(1-\eta_n)}{n[1-s(1-\eta_r)]}$$

$$\times e^{-nt[1-s(1-\eta_r)]/60}+N_0 e^{-nt[1-s(1-\eta_r)]/60} \quad (5\text{-}5)$$

3. 试验舱中含尘浓度表达式

以图 5-1 中的（g）为例（如同壁挂式净化器，将净化器吊装在风口位置向室内送风）。而且不仅无新风及新风通路，也没有图中的循环管路，净化器下部直接开口回风。若设室内也无发尘，只有原始浓度 N_0，那就是空气净化器在试验舱中的工况，则式 (5-5) 变为：

$$N_t = 0-0+N_0 e^{-nt[1-s(1-\eta_r)]/60} \quad (5\text{-}6)$$

则

$$\frac{N_t}{N_0}=e^{-nt[1-s(1-\eta_r)]/60} \quad (5\text{-}7)$$

又因是自循环，$S=1$，再把 n 的单位改为 min^{-1}，则式 (5-7) 又可写为：

$$\frac{N_t}{N_0}=e^{-n\eta_r t} \quad (5\text{-}8)$$

这种情况就是最初由美国标准 ANSI/AHAM AC-1-2006《便携式家用电器房间空气净化器性能的测量方法》[3]对空气净化器规定的检测条件：在一个规定体积的封闭试验舱中，不考虑它的发尘，只有人为的经过风扇搅拌混合均匀后的原始浓度 N_0（发烟得到，$\geqslant 0.3\mu\mathrm{m}$），则在开启净化器 t 时间（如国家标准规定的 20min）后室内达到的浓度，即为 N_t，而据实测得到一个在这段时间内的"衰减常数" k 后，而有：

$$\frac{N_t}{N_0}=e^{-kt} \quad (5\text{-}9)$$

这是符合均匀分布理想状态下室内污染以指数函数变化的趋势，参见图 5-2。

如果自净到图中的 b 点后突然增加室内发尘量，则污染曲线将由 b 点升到

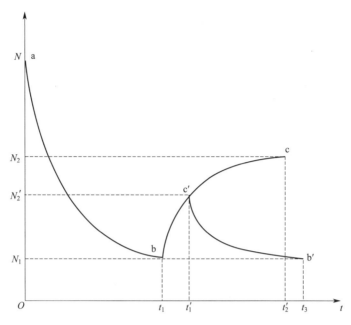

图 5-2　含尘浓度变化过程

c'。如果在 c' 点污染突然停止了，则继续净化至 b'，达到原始 b 点同样的浓度。

k 为规定的检测时间内总衰减和自然衰减之差，此处先不予讨论。

比较式(5-8)、式(5-9) 可知，实质上：

$$k = n\eta \tag{5-10}$$

η 应为净化器过滤器的总效率，即前面提到的 η_r，但在实测得到的 k 中还有其他一些因素，不过过滤器的一次通过效率仍是主要的，以下论述皆以此为准。

4. 关于洁净空气量设定的讨论

最先由美国家用电器制造商协会（AHAM）制订的空气净化器检测方法标准不是通过理论推导而是人为定义表示"对目标污染物净化能力"的所谓颗粒物洁净空气量（CADR）Q 来描述空气净化器运行工况的特性。

定义的 Q 为：

$$Q = 60kV \tag{5-11}$$

此处 V 为试验舱体积。

空气净化器使室内污染衰减的能力主要来自其风量大小或相当于房间体积几次的换气次数，还来自其净化污染的过滤器等部件的效率。除此之外，净化器送回风口形式和位置将影响气流组织从而影响净化效果。这在洁净室中是通过不均匀系数来反映的，在试验舱中的净化器只是通过 k 还不能完全反映，这里暂不讨论。

从式(5-10) 和式(5-11) 就可能产生如下公式:

$$Q = 60n\eta V \tag{5-12}$$

又因额定风量

$$Q_0 = 60nV \tag{5-13}$$

因而由式(5-11) 的设定可导出

$$Q = \eta Q_0 \tag{5-14}$$

这一公式设定 Q 为一个具体的物理参数, 即风量参数, 而且是冠以"洁净"的风量参数。这一表示净化能力的参数, 如果增加 1 倍(即 η 或 Q_0 增加), 其使室内浓度降低的净化能力是否也增加 1 倍呢? 肯定答案似乎是共识, 但是对于前述三种工况, 真实答案却各不相同。

对于 5.1 节所述的第一种工况, 如果两台净化器 η 相同, 只是 $Q_{0b} = 2Q_{0a}$, 则由式(5-14) $Q_b = 2Q_a$, 是否 b 的净化能力: a 的净化能力 $=2:1$ 呢?

净化能力当然是指降低室内污染浓度的能力, 净化能力之比当然是某时刻降低后的室内污染浓度之比。因在舱内条件下无内部发尘, 所以由于 $t \to \infty$, 稳定浓度理论上将 $\to 0$, 所以不能用其稳定浓度之比而只能用某时刻浓度 N_t 之比。下面以算例说明。

由式(5-8) 可得出

$$\frac{N_{at}}{N_{bt}} = \frac{e^{n_b\eta_b t}}{e^{n_a\eta_a t}} \tag{5-15}$$

设 η 相同均为 0.9, 但 $Q_{0b} = 2Q_{0a}$。也就是 $Q_b = 2Q_a$。由式(5-12)、式(5-14) 可见, 应有 $n_b = 2n_a$, 设 $n_b = 0.2$ 次/min, $n_a = 0.1$ 次/min。运行 20min 后, 舱内浓度之比是:

$$\frac{N_{at}}{N_{bt}} = \frac{e^{n_b\eta_b t}}{e^{n_a\eta_a t}} = \frac{e^{0.2 \times 0.9 \times 20}}{e^{0.1 \times 0.9 \times 20}} = \frac{36.5982}{6.0496} = 6$$

表明空气净化器 b 的净化能力和净化器 a 的净化能力之比是 $6:1$, 绝不是洁净空气量 Q_b 与 Q_a 之比。因 $\frac{Q_b}{Q_a} = \frac{2Q_a}{Q_a} = 2$, 所以净化能力之比不是 $2:1$。

又如果两台净化器 Q_0 相同, 只是 $\eta_b = 2\eta_a$, 则由式(5-13) 可知, 也有 $Q_b = 2Q_a$, 是否也有 b 的净化能力: a 的净化能力 $=2:1$ 或 $6:1$ 呢?

下面也以算例说明。

设 Q_0 相同即 n 相同, 设 $n_a = n_b = 0.1$ 次/min。$\eta_b = 0.999$, $\eta_a = 0.5$。

运行 20min 后舱内浓度之比是:

$$\frac{N_{at}}{N_{bt}} = \frac{e^{n_b\eta_b t}}{e^{n_a\eta_a t}} = \frac{e^{0.1 \times 0.999 \times 20}}{e^{0.1 \times 0.5 \times 20}} = \frac{7.374}{2.718} = 2.713$$

表明空气净化器 b 的净化能力和净化器 a 的净化能力之比是 $2.713:1$, 而不是 $\frac{0.999Q_0}{0.5Q_0} \approx 2:1$, 也不是 $6:1$。

综上分析，从洁净空气量的表达式看，至少不能反映第一种工况时净化能力不是和洁净空气量等比变化的，不是和 n 或 η 等比变化的，从而会引起评价时的混淆。

5.3 引入部分新风工况的特性

1. 稳定含尘浓度通式

引入部分新风工况即上述第二种工况。由于过滤器只有净化器的 1 个，室内稳定浓度按不均匀分布理论计算[4]：

$$N=\psi\frac{60G\times10^{-3}+Mn(1-s)(1-\eta)}{n[1-s(1-\eta)]} \tag{5-16}$$

式中　G——室内发尘，粒/($m^3 \cdot min$)；

　　　n——换气次数，次/h；

　　　N——稳定含尘浓度，粒/L；

　　　η——净化器中过滤器总效率；

　　　M——大气尘浓度，粒/L；

　　　S——净化器循环部分风量占总吸入风量之比；

　　　ψ——不均匀系数。对于洁净室已有研究结果[4]，当 $n=2\sim5$ 次/h 时，$\psi\approx4\sim2$。但对于空气净化器没有具体数字，可以肯定的是，其不均匀性要甚于上送下回的气流组织。

单位用计数浓度还是计重浓度对表达式无实质影响（试验舱用计数浓度），如何取用将在本书第 8 章中说明。

在空气净化器标准中虽然没有指明这种工况，但也未说明洁净空气量不适用这种工况。在市场上有这种净化器。

2. 效率、换气次数和含尘浓度的关系

洁净空气量概念是：洁净空气量越大，表示净化器净化能力越大，而且很容易被误解为洁净空气量和净化能力成正比。按此概念只要提高风量，可以正比地弥补效率的低下。例如 $\eta=0.95$ 的净化器，要想和 $\eta=0.995$ 的净化器具有相同的洁净空气量，从而具有相同的净化能力，只要使 Q_0 提高 $\frac{0.995}{0.95}=1.05$ 倍就可以了。但在第二种工况下，这一结果不会出现。

该工况新风量不会太大，新风比不会超过 0.3，即 S 最小可达 0.7。设 M 为雾霾天大气尘浓度，属严重污染，$M\geqslant10^6$ 粒/L（$\geqslant0.5\mu m$），见表 5-1[4]。

污染空气含尘浓度（≥0.5μm） 表 5-1

污染空气种类	浓度（粒/L）	污染空气种类	浓度（粒/L）
美国工业大气	3.5×10^5	污染	10^6
污染	5.6×10^5	发生烟雾	2×10^6
发生光化学烟雾	10^6	我国一般工业大气	$(2\sim3)\times10^5$
特别污染	1.75×10^6		

注：大气尘中微生物浓度范围可以从每升小于1粒变化到每升几千粒。

假定 $G=5\times10^5$（具体计算见本书第八章）。净化器总计数效率分别为 0.95、0.995、0.9995、0.99995、0.999995，按换气次数 n 由 10 次/h 到 200 次/h，只考虑均匀分布（即先不计 ψ），做成图 5-3[4]。

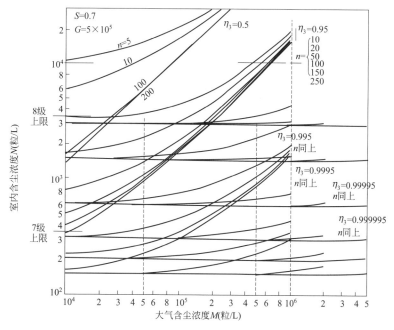

图 5-3 洁净室静态特性曲线之一

从图 5-3 可见，假定在 $M=10^6$ 时，$n=10$，$\eta=0.95$ 条件下的洁净空气量，使室内浓度降到约 2×10^4 粒/L，若使 η 增加 1.05 倍到 0.995，额定风量不变即 n 不变，但其洁净空气量因此而增加了 1.05 倍，增加很少可以认为洁净空气量也无变化，但此时的稳定浓度并不是变化 1.05 倍或基本不变，而是降低了 80%，接近 4000 粒/L 了。这说明在只考虑均匀分布的情况下，在引入新风工况中，即使洁净空气量相当，净化能力也可能有很大差别。

3. 小结

综上所述，洁净空气量的概念也不能解释好引入部分新风的第二种工况。例如对于第二种工况，风量增加 10 倍即洁净空气量增加 10 倍，不如风量不变，η 增加 1.05 倍即洁净空气量仅增加 1.05 倍的洁净效果。

5.4 室内自循环工况的特性

1. 稳定含尘浓度通式

室内自循环工况即前面列举的第三种工况的室内不均匀分布时的稳定室平均浓度。由式 (5-16) 可知，当净化器全部自循环（$S=1$）无新风引入时：

$$N = \psi \frac{60G \times 10^{-3}}{n\eta} \tag{5-17}$$

2. 效率、换气次数和含尘浓度的关系

对于用空气净化器的室内来说，ψ 和 n 的关系比洁净室还要复杂。后者当 $n < 5$ 时 ψ 可能大于 2，当 $n > 80$ 以后 ψ 又小于 1。例如当 n 由 6 次/h 降为 3 次/h 时，室内含尘浓度不是只翻一番，因还有 ψ 由 1.6 升为 3.5，升高 1 倍多，则 N 总体将翻 2 番。对于空气净化器这一结果会更悬殊。总之，净化能力和这个净化器的 n 和 η 不能成正比。

3. 小结

综上所述，洁净空气量的概念也不能解释好室内自循环的第三种工况。对于第三种工况，η 由 0.8 增加到 0.992 增大 1.24 倍，不如 n 由 4 增加到 4.96（也是 1.24 倍），因为同时 ψ 还要减小，使效果增大大于 1.24 倍。对于便携式空气净化器的常用风量范围来说，风量减少一半则全室平均含尘浓度可能升高 4 倍，所以看上去更小巧玲珑的净化器其能力可能差得多。

5.5 补充作用运行工况的特性

1. 稳定含尘浓度通式

既有集中式通风或空调系统又在室内摆放空气净化器的工况，即前述第四种工况，如图 5-4 所示。

对于图 5-4 用空气净化器补充集中式系统作用的情况，此工况的室内稳定含尘浓度为[4]：

$$N = \frac{60G \times 10^{-3} + Mn(1-s)(1-\eta_{\mathrm{n}})}{n[(1+\eta's') - s(1-\eta_{\mathrm{t}})]} \tag{5-18}$$

式中　s'——局部净化设备在室内循环的风量即室内自循环风量占全室系统总风量之比；

　　　　η'——局部净化设备中各过滤器的总效率；

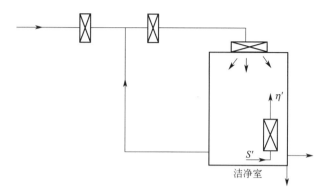

图 5-4　室内有局部净化设备的系统图式

假定净化器内装有亚高效及以上过滤器，所以 $\eta'\approx1$，因而式（5-18）又可写为：

$$N=\frac{60G\times10^{-3}+Mn(1-s)(1-\eta_\mathrm{n})}{n\left[(1+s')-s(1-\eta_\mathrm{t})\right]} \tag{5-19}$$

这个公式和前面的公式不同的是将分母中的"1"变成"$1+s'$"。这可以看成由于有了局部净化设备。相当于加大了原来房间的换气次数。

2. 注意之点

如果考虑到 $s(1-\eta_\mathrm{t})$ 比 1 小得多，可把式（5-19）简化为：

$$N=\frac{60G\times10^{-3}+Mn(1-s)(1-\eta_\mathrm{n})}{n(1+s')} \tag{5-20}$$

因此由于局部净化设备的作用，对含尘浓度的影响就可以更清楚的看出来：仅仅相当于在原有换气次数上加一个很小的比例。

该工况特性和前述第二种工况特性相同，不再分析。

这里要特别指出的是，既有集中式系统，已有其气流组织，增加的空气净化器很容易干扰既有气流组织，特别是要求定向气流如 ICU 病房等场合，不仅会影响整体净化效果甚至产生某些副作用，应予特别注意。我国《民用建筑供暖通风与空气调节设计规范》GB 50736—2012 第 7.4.7 条就置换流指出"空调区域内不宜有其他气流组织"，净化区域更应如此要求。

本章参考文献

[1]　许钟麟，张彦国，曹国庆，冯昕，潘红红．关于空气净化器的几个问题的探讨（之一）．

暖通空调，2017，47（8），2～6.

［2］ 许钟麟 . 空气洁净技术原理 . 北京：中国建筑工业出版社，1983.

［3］ 沈晋明，刘燕敏，严建敏 . 正确认识医疗环境控制技术 . 暖通空调，2016，146（6）：73～78.

［4］ 许钟麟著 . 空气洁净技术原理（第四版）. 北京：科学出版社，2014.

第6章　空气净化器应用特性

室内使用空气净化器的目的是在一定时间内使室内含尘浓度降下来并达到稳定，这"一定时间"就是自净时间，越短越好。一台净化器为满足上述要求适用多大面积？分不分场合？

所以，本章着重探讨应用空气净化器时关心的问题[1]：使室内达到稳定浓度的自净时间（基本接近稳定浓度之后，还会有一个小的波动过程）、适用场合和适用面积（在第8章中讨论）等。至于这些问题的基础——稳定的含尘浓度是多少？因其涉及面广，将在本书第7章中单独讨论。

6.1　自净时间

1. 理论计算

对空气净化器的运行，人们关心的主要是本书第5章所述四种工况中，空气净化器独立运行的两种工况，即：

（1）在净化器中引入新风的室内自循环工况，即工况2；

（2）在净化器中未引入新风（也未单设新风系统），室内有尘源的室内自循环工况，即工况3。

工况1为试验舱工况，理论上 $t \to \infty$，$N_t \to 0$，无所谓稳定浓度及其自净时间。

工况4主要涉及系统工况，在第5章已得出，与工况2相似，所以不再单独讨论。

对于引入新风工况即工况2的任意时刻室内浓度，已由式（5-4）表达，现重新记录如下：

$$N_t = \frac{60G \times 10^{-3} + Mn(1-s)(1-\eta_n)}{n[1-s(1-\eta_r)]} \cdot$$
$$\left\{ 1 - \left[1 - \frac{N_0 n[1-s(1-\eta_r)]}{60G \times 10^{-3} + Mn(1-s)(1-\eta_n)} \right] e^{-nt[1-s(1-\eta_r)]/60} \right\} \tag{6-1}$$

η_n 为新风通路上的总过滤效率，η_r 为回风通路上总过滤效率，对于只用净化器的情况，$\eta_n = \eta_r = \eta$，对于未引入新风的工况，即工况3，由式（6-1）化简得到：

$$N_t = \frac{60G \times 10^{-3}}{n\eta} - \frac{60G \times 10^{-3}}{n\eta} e^{-n\eta t/60} + N_0 e^{-n\eta t/60} \tag{6-2}$$

式中
G——室内发尘，粒$/(\mathrm{m^3 \cdot min})$；

n——换气次数，次$/\mathrm{h}$；

N_0（室内原始浓度）或 N_t（室内 t 时刻浓度）——含尘浓度，粒$/\mathrm{L}$；

η——净化器总效率；

M——大气尘浓度，粒$/\mathrm{L}$；

s——净化器循环部分风量占总吸入风量之比；

t——自净时间，min；

根据以上各式，由于式(6-1)大括号外一项和式(6-2)第一项就是稳定浓度 N，通过化简推导，对于工况2或工况3，都有：

$$N_t = N(1 - \mathrm{e}^{-n\eta t/60}) + N_0 \mathrm{e}^{-n\eta t/60} \qquad (6\text{-}3)$$

由于 N_t 和 t 皆为未知数，所以上式中自净时间 t 是不可解的，国外迄今没有一个好办法，但这个问题国内早在1975年由作者以算图形式解决[2]。

由式(6-3)可导出：

$$\frac{N_t}{N} = (1 - \mathrm{e}^{-n\eta t/60}) + \frac{N_0}{N}\mathrm{e}^{-n\eta t/60}$$

$$\frac{N_t}{N} - 1 = \left(\frac{N_0}{N} - 1\right)\mathrm{e}^{-n\eta t/60} \qquad (6\text{-}4)$$

可以假定 $N_t = (1.01、1.001、\cdots\cdots 1.0001)N$，从实用看 $N_t = 1.01N$ 已够用了。同样，N_0 是 $(10、20\cdots\cdots)N$，从消除雾霾角度，$\dfrac{N_0}{N} = 10$ 可以满足要求。因为即使室外 PM2.5 浓度达到极高的 $700\mu\mathrm{g/m^3}$（室内原始浓度 N_0 一般可达室外浓度的 75%，见本书第8章），为安全计，N_0 可直接用室外浓度，如果室内 PM2.5 浓度降到稳定的 $70\mu\mathrm{g/m^3}$，即若设降到室外浓度的 1/10，已在最低一级即二级的上限 $75\mu\mathrm{g/m^3}$ 之内，属于"良"。通常情况下，N_0 可按 $350\mu\mathrm{g/m^3}$ 考虑（这是北京情况，如上海就低于此值），特别是只有室内发尘（含渗透尘量）、用净化器自循环的情况，上述 1/10 相当于此时 N 应为 $35\mu\mathrm{g/m^3}$，已达到一级标准了。当然，前提是该净化器能把室内浓度降到 N_0 的 1/10，当然对于 $350\mu\mathrm{g/m^3}$ 的 1/6 也可达到二级标准。这在本书第7章中讨论。

于是式(6-4)写成：

$$0.01 = \left(\frac{N_0}{N} - 1\right)\mathrm{e}^{-n\eta t/60}$$

$$n\eta t = 60\left[\ln\left(\frac{N_0}{N} - 1\right) - \ln 0.01\right] \qquad (6\text{-}5)$$

用此式可作出如图 6-1 所示的计算图。$n\eta t$ 也可用衰减系数度 k 表示。

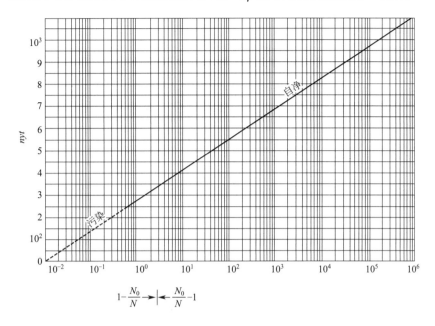

图 6-1 自净时间算图

图中 N_0——室内原始含尘浓度，粒/L；

　　　N——室内要求达到的稳定浓度（当然是能够达到的），粒/L；

　　　n——换气次数（或反之是所求的值），次/h；

　　　t——要求的自净时间（或反之是实际的或设计的值），min；

以下讨论除特别说明外，效率皆用 $\geqslant 0.5\mu m$ 计数效率，浓度皆用计数浓度。

通过上述算图，对几组可能达到的稳定浓度 N（注意：不是任意时刻的 N_t）求出 $\dfrac{N_0}{N}$ 分别得到以下结果，见表 6-1。

自净时间计算　　　　　　　　　　　　　　　　　　表 6-1

η	$\dfrac{N_0}{N}=20$ 查图 6-1	n 次/h（次/min）	t（min）	$\dfrac{N_0}{N}=10$ 查图 6-1	n 次/h（次/min）	t（min）	$\dfrac{N_0}{N}=6$ 查图 6-1	n[次/h（次/min）]	t（min）
0.9		6(0.1)	83.9		6(0.1)	75.6		6(0.1)	69.4
0.99	$n\eta t\approx453$	6(0.1)	76.3	$n\eta t\approx408$	6(0.1)	68.7	$n\eta t\approx375$	6(0.1)	63.1
0.9999			75.5			68.0			62.5
0.9			60.9			56.7			51.8
0.99		8(0.13)	57.2		8(0.13)	51.5		8(0.13)	47.0
0.9999			56.6			51.0			46.6

49

η	$\frac{N_0}{N}=20$ 查图 6-1	n 次/h (次/min)	t (min)	$\frac{N_0}{N}=10$ 查图 6-1	n 次/h (次/min)	t (min)	$\frac{N_0}{N}=6$ 查图 6-1	n[次/h (次/min)]	t (min)
0.9			50.3			45.3			41.4
0.99		10(0.167)	45.8		10(0.167)	41.2		10(0.167)	37.7
0.9999			45.3			40.8			37.3
0.9			125.8			113.3			103.6
0.99		4(0.065)	114.4		4(0.065)	103.0		4(0.065)	94.2
0.9999			113.3			102.0			93.3
0.9			251.7			226.7			207.2
0.99		2(0.033)	228.8		2(0.033)	206.1		2(0.033)	188.4
0.9999			226.5			204.0			186.5

从表 6-1 可见，假定 N_0 都一样，如在 $n=6$，$\eta=0.9$ 时条件下，由于室内发尘量大而只达到相当于 $\frac{N_0}{6}$ 的稳定浓度 N，即 N 比较大，则只需 69.4min 稳定。或者 N 未变，但 N_0 变大了，使 $\frac{N_0}{N}$ 达到 10，当然达到同样的 N 的时间也长了。

从以上结果可见，当计数效率 η 从 0.9 变化到 0.9999，过滤器要从高中效变到高效（只有阻隔式过滤器有如此宽的效率范围），缩短自净时间不明显（10%左右），阻力也大大增加；而用大风量净化器，使 n 从 6 次增加到 8 次，t 缩短约 20%；n 为 10 次时，t 可缩短 40%，但使净化器 n 达到 10 很难。

不同的是纵坐标由对于洁净室的 nt 变为 $n\eta t$，因为前者对于洁净室三级过滤系统，$\eta \approx 1$。

根据 N 设定 $\frac{N_0}{N}$ 后，从横坐标上引直线与斜线相交，再引横线与纵轴相交，得 $n\eta t$，有 $t=\dfrac{n\eta t}{n\eta}$。

2. 实测对比

自净时间算图得出的结果与实测结果的符合性非常好，举几例如下：

（1）与日本忍足研究所的实测数据对比[3]

图 6-2 中虚线是日本忍足研究所给出的换气次数与自净时间的关系，按其给出的数据用图 6-1 算图得到图 6-2 中的实线，两者基本吻合。

（2）与制药车间的实测数据对比[4]

图 6-3 是 2014 年发表的对 GMP 制药车间实测和计算结果，可见两种结果的曲线十分吻合。

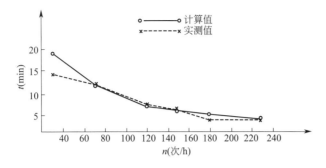

图 6-2　开机自净时间和换气次数的关系

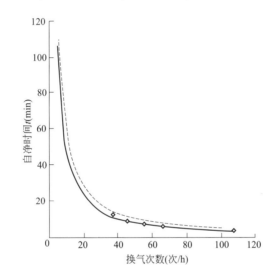

理论计算值　●实测值—实测值按幂函数拟合曲线

图 6-3　某新建小容量无菌注射剂车间从 7 级到 5 级的自净时间

（3）与空气净化器实测数据对比[5]

在严重雾霾条件下，文献报道了对北京市居民家中价值差异很大的 2 台都装有高效过滤器的家用空气净化器的净化效果进行实测的情况。用 TSI9306—V2 激光粒子计数器测定空气中悬浮颗粒物浓度，采样量 2.83L 每次测 1min，每点测 3 次。在净化器开启的情况下，每点测 2 次（因浓度变化快）。同时用 QD10 的 PM2.5 检测仪测 PM2.5 计重浓度。用风速仪测量出口风速。

1）1 号空气净化器提供 5.2 次/h 换气，装有粗效、高效过滤器和活性炭滤层。净化器装在外窗边，距地高 0.8m。外形为圆柱形，侧面上部回风，侧面下部送风。在 $\geqslant 0.3\mu m$ 为 1003821000 粒/m^3（即 $>10^6$ 粒/L）时开机，给出自净曲线如图 6-4 中上面一条曲线所示，指出："开机 90min 后基本达到稳定状况"。

从图 6-4 可见，在 90～120min 之后皆属稳定状态，120min 时，该文献给出

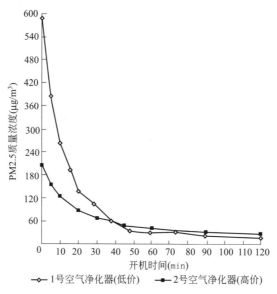

图 6-4　2 台空气净化器开机后室内 PM2.5 质量浓度变化情况

$\geq 0.3\mu m$ 为 33390111 粒/m³，文中未给出 90min 的具体数据，设以上述 120min 数据代之，从图 6-3 可见应相差很小，则 $\dfrac{N_0}{N} \approx \dfrac{1003821000}{33390111} = 30$，查图 6-1，$n\eta t \approx 470$，由于有高效过滤器，则 $\eta \approx 1$，所以

$$t = \frac{470}{5.2} = 90.4\text{min}$$

即进入稳定状态需 90min 以上，这和该文献的结论相当的吻合，在这里有 10% 左右误差也是相当一致的。

2）2 号净化器提供 5.3 次/h 换气，也设置了粗效、高效和活性炭三层过滤，该净化器比 1 号贵 10 倍。安装位置与 1 号净化器相同。外形为长方形，正面回风，上部送风。

该测定对 2 号净化器（图中的原始浓度为 210μg/m³ 的曲线）结果是约 80min 时可达到 25μg/m³。即 $\dfrac{N_0}{N} = 8.4$，查图 6-1，$n\eta t = 400$。因 $\eta \approx 1$，所以 n 为 5.3 次/h，则 $t = \dfrac{400}{5.3} = 76\text{min}$，与实测结果很接近。测点的布置对结果影响较大。所以测稳定前某个 $\dfrac{N_0}{N}$ 值所需的时间会有较大差别，这从该文献给出的数据也可看出。

该测试时的 n 略小于表 6-1 中的 6 次，三道过滤使 η 略大于表 6-1 中的 4 个 9，从图 6-4 可见，60～70min 时 N 即基本一样，N 和 N_0 相差约 11 倍，表 6-1 中 68min 时相差 10 倍，基本相当。

由使用者希望把原始浓度降低多少倍来求适用面积只需再知道检测得到的 k，不仅简单，而且使用者很容易知晓净化的程度。如果直接通过室外浓度穿透系数、室内浓度、自然沉降系数等来求要复杂得多。这将在第 8 章中讨论。

6.2 适用场合

1. 只有室内发尘、自循环的净化器

上述文献中测试用的净化器，在 90～120min 内，室内 $\geqslant 0.3\mu m$ 的微粒浓度降为 33390111 粒/m³（$> 3.3 \times 10^4$ 粒/L[4]），$\geqslant 0.5\mu m$ 约 1 万粒/L，这和 $\geqslant 0.5\mu m$ 约占 $\geqslant 0.3\mu m$ 的 1/3 的比例相当，虽未超过 ISO 标准 8.5 级（209 标准 30 万级）上限，还无新风引入净化器，还经过 1.5～2h 这么长的时间，在洁净室里靠它起主要作用是不可能的。

2. 有室内发尘也引入一定比例新风的净化器

在正常天气 $M = 2 \times 10^5$ 时，假定新风比为 0.3，则对于 $\eta = 0.995$ 的净化器，也要 $n = 10$ 才达到 ISO 标准 8 级上限，要 $n = 20$ 才可能达到 8 级的中间值，这么大风量是净化器这种局部净化设备很难做到的，要求它这样做是不现实的。如果 η 低，即使风量抬高 10 倍，净化能力也只能提高 2～3 倍，用"洁净空气量"公式中的关系很难解释。而只有 η 提高到 5 个 9（相当于 DOP 0.3μm 的 4 个 9），即使 10 次"换气"，N 也抵得上前者 200 次换气。但从图 5-3 可见，η 高于 5 个 9 已无必要。同样，用净化器温湿度不能解决。但即使 5 个 9，$n = 10$ 时，非雾霾的一般天气，也只能达到 8 级上限。而且净化器允许风量逐渐减小到 50%，洁净室则要求风量不能降到标准以下（通过调控）。

这里要说明的是，如果按作者提出的扩大主流区理论计算[6~8]，在洁净室里可得到更高的级别。但是在使用空气净化器的室内，不可能按扩大主流区理论计算。

3. 对既有系统作补充的净化器

除特殊的涡流区或气流不易到达区域或原有系统的先天缺陷，可考虑以净化器作补充使用。例如在较大面积场所的边上、端头或局部围挡区内等。对于注意使气流方向与尘粒沉降方向尽可能一致的净化空调系统，再加局部净化设备，是不可行的。前面已给出我国《民用建筑供暖通风与空气调节设计规范》的原则是对置换流这种有定向流要求的场合，不宜在空调区域内存在其他气流组织。

以医疗用房来看：除美、日、中的标准提到室内自循环的设备外，其他国家的标准，只提通风与空调系统，室内自循环设备根本没有提，提到室内自循环的以美国供暖、制冷与空调工程师学会的《医疗护理设施的通风》即 ANSI/

ASHRAE/ASHE－170－2013（《医院洁净手术部建筑技术规范》修编组参考资料，沈晋明译）最严，见表 6-2。

美国 ASHRAE170 标准关于室内自循环设备的规定　　　　表 6-2

用房功能	室内设自循环设备	用房功能	室内设自循环设备
手术区和危重区域		待产、分娩、恢复	没要求
手术室(B)(C 类)	否	病患走廊	没要求
手术/外科膀胱内窥镜室	否	**专业护理设施**	
分娩室(剖宫产)	否	居室	没要求
次无菌辅助区	否	聚会、活动、餐饮室	没要求
恢复室	否	居住单元走廊	没要求
危症/重症监护区	否	理疗室	没要求
中间护理区	没要求	专业治疗室	没要求
创伤重症监护室(烧伤)	否	浴室	否
新生儿重症监护室	否	**放射区**	
处置室	没要求	X 光室(诊室)	没要求
外伤病房(危症或休克)	否	X 光室(手术、特护和导管)	否
医疗/麻醉气体储藏室	没要求	暗室	否
激光眼科室	否	**诊断治疗区**	
急诊候诊室	否	支气管内窥镜室、集痰室、喷他脒药管理室	否
预检分诊室	没要求	普通实验室	没要求
急诊去污清洗	否	细菌学实验室	没要求
放射候诊室	没要求	生化实验室	没要求
治疗室(A 类手术)	否	细胞学实验室	没要求
急诊部检查/处置室	没要求	实验室玻璃器皿清洗	没要求
住院部患护理		组织学实验室	没要求
病房	没要求	微生物学实验室	没要求
营养室或区域	没要求	核药物实验室	没要求
盥洗室	否	病理学实验室	没要求
新生儿护理室	否	血清学实验室	没要求
防护环境病房	否	实验室消毒	没要求
空气传染隔离病房	否	媒介传播实验室	否
空气传染隔离与防护环境组合病房	否	无冷冻停尸间	否
空气传染隔离病房前室	否	验尸间	否
防护环境病房前室	否	药房	没要求
空气传染隔离与防护环境病房前室	否	检查室	没要求
待产、分娩、恢复、产后护理	没要求	药物治疗室	没要求

用房功能	室内设自循环设备	用房功能	室内设自循环设备
胃肠道内窥镜室	否	器皿清洗间	否
内窥镜清洗	否	饮食储藏间	否
处置室	没要求	普通洗衣间	否
水疗	没要求	污染被褥分类及存放间	否
物理治疗室	没要求	清洗被褥储存室	没要求
消毒		被褥和垃圾废弃间	否
灭菌设备室	否	便盆间	否
医疗和手术中心供给		浴室	否
污染间或清洗间	否	杂物清洗间	否
清洁工作间	否	**辅助区**	
无菌储存间	没要求	污染工作室或污物存放室	否
服务区		清洁工作室或洁物存放间	没要求
食品制备中心	否	危险物品储藏间	否

日本有关医院的标准规定有些房间不许用室内自循环设备,有的规定条件使用,大部分一般房间可以用。

美国标准指出,表中室内自循环设备不包括带供热、供冷盘管的室内暖通空调自循环机组,强调由于清洗困难和存在污染的积累,室内自循环设备不得在标有"否"的区域内使用,但带高效过滤器(HEPA)循环装置应允许在既有设施中作为临时环境控制的补充,这和本书所述第四种空气净化器运行工况是相同性质的。显然,这里的室内自循环机组主要应是空气净化器。

我国《医院洁净手术部建筑技术规范》GB 50333—2013 对自循环设备要求也比较宽,除Ⅰ~Ⅲ级和负压的洁净手术室不能用外,其他洁净用房可以用。但正如前述,不到很需要时,不用。

4. 结论

综上分析,具有一定过滤效率和风量的空气净化器,用于一般室内和一部分医疗用房是可行的,但以净化器代替净化空调系统用于洁净室的想法是找不到根据的,用于已有一般空调特别是还有气流流向要求的房间基本上也是不可行的。

本章参考文献

[1] 许钟麟,张彦国,曹国庆,张益昭,牛维乐.关于空气净化器几个问题的探讨(之二).

暖通空调，2017，47（8），7～10.

[2] 许钟麟著．空气洁净技术原理．北京：中国建筑工业出版社，1983.

[3] 忍足研究所．実験用クリーンルーム試験報告，1974.

[4] 冯昕，许钟麟，张益昭，孙宁等．生产无菌药品的背景环境——B区换气次数实测分析．暖通空调，2014，41（2）：84～88.

[5] 李兆坚，邢科伟，杨潞锋等．严重雾霾条件下家用空气净化器防霾效果实测分析．暖通空调，2016，46（6）：1～4.

[6] 许钟麟著．空气洁净技术原理（第四版）．北京：科学出版社，2014.

[7] 许钟麟著．药厂洁净室设计、进行与 GMP 认证（第二版）．上海：同济大学出版社，2011.

[8] 许钟麟，张益昭，孙宁等．生产无菌药品的背景环境——B级区换气次数实测分析．暖通空调，2014，44（2）：84～88.

第7章　空气净化器污染负荷的计算

7.1　外窗缝隙是污染进入室内的主要途径

1. 概述

空气净化器的污染负荷主要是指雾霾天侵入室内颗粒物—PM2.5的浓度。

前些年北京出现沙尘暴天气，天空昏黄，但未觉有什么风力。出去一天晚上归来，可察觉桌面上有一层东西，地板似乎也暗淡一些了。用的是双层玻璃窗并且无风相助，污染是怎么进来的呢？

室外污染源将成为被关注的首要目标。室内污染源在本书第8章中再说明。

2. 居室基本模型

现在一般单元住宅的格局大致是：从单元防盗门进入或再通过走廊到各户或再通过楼梯上二楼。各户一般有两重外门，一是防盗门，一是木门，进入客厅（也有只一道防盗门）。客厅一面通过阳台门进入阳台，阳台外有双层外窗，或者无门而直接进入阳台。客厅或还有另一朝向的外窗。

卧室只有外窗和室外相通。图7-1是示意的一角。

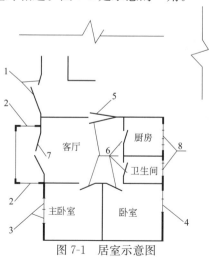

图 7-1　居室示意图

1—单元外门；2—客厅阳台窗；3—主卧室窗；4—卧室窗；

5—客厅防盗门；6—客家木内门；7—客厅至阳台门；8—厨、厕窗

7.2 人进出外门带进室内的微粒污染渗透量

1. 设定

假定房间有直接外门，人逆着开门方向走进室内的瞬间，在入口处引起的风速，经测定一般在0.08~0.15m/s以内，低于顺着开门进入室内的0.14~0.2m/s风速，每人进入门瞬间约2s[1]。第二道木外门向内开，故设风速为0.2m/s。人体截面积约为1.7m×0.4m。所以，随着人带进室内的空气量约为：

$$\Delta V = 人体截面积 \times 0.2m/s \times 2s = 1.7m \times 0.4m \times 0.4m = 0.27m^3$$

假定带进气流的含尘浓度比室内浓度（N）高10倍，这还可以满足重度雾霾天的要求。

2. 计算

设室体积为15×2.6＝39（取40）m³（如小客厅），一次进2人，则带入的尘量将比原来尘浓增加的倍数（不考虑人发尘及瞬间气流循环自净）由下式确定：

$$\frac{2\Delta V \times 10N + (V - 2\Delta V)N}{VN} = \frac{0.27 \times 2 \times 10N + (40 - 0.27 \times 2)N}{40N} = \frac{44.86}{40} = 1.12$$

这表明同时从室外直接进来2人，将使小客厅微粒污染物浓度比原来的浓度增加12%。

由于一般场合进出户内外的人的次数很少，而且一般家庭或办公室不可能有直接对外的门（如前述是单元房屋），所以进出自家外门带入的室外微粒污染渗透完全可以不计。所以对于居室和一般场合，外来污染主要是外窗渗透了。

7.3 迎风面外窗的计算风速

1. 迎风面风压

如图7-2所示的建筑物[1]，迎风面将形成正压，背风面将形成负压，对于一般房间处于自然状态，室压将低于迎风面正压，即使是密封的外窗，仍会向室内渗透。外气渗入使室内压力高于背风的负压面，室内空气将从负压面和其他非正压面的窗、门缝隙压出。

迎风面风压压力值以下式表示：

$$P_1 = c\frac{u^2\rho}{2}(P_a) \tag{7-1}$$

式中 u——迎风面计算风速，m/s，据《民用建筑供暖通风与空气调节设计规范》GB50736-2012，采用冬季室外最多风向（静风除外）的平均风速，详见后述；

ρ——空气密度，常温时取 1.2kg/m^3，或按实际取值；

C——风压系数，平均可取 0.9。

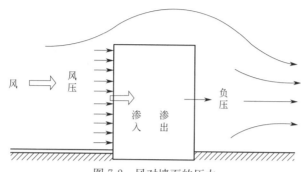

图 7-2　风对墙面的压力

2. 迎风面计算风速

式(7-1)中迎风面计算风速 u 和迎面风速、建筑物形状以及密集情况、层高、朝向、温差等很多因素有关。为简化计算和安全计，u 取上述冬季室外最多风向的平均风速是合理的。如有夏季风速明显高于冬季的，根据需要似也可取前者。u 对 P_1 影响极大，u 增加 1 倍，P_1 增加 4 倍。

所谓冬季室外最多风向的平均风速是指累年（取 30 年）最冷 3 个月最多风向（$\leqslant0.3\text{m/s}$ 的静风除外）的各月平均风速的平均值，夏季的则为最热 3 个月，见表 7-1（摘自 GB 50736）。

主要城市风速　　　　　　　　　　　　　　　　　　　　表 7-1

城市	北京	天津	上海	石家庄	太原	呼和浩特	沈阳	大连
冬季最多风向	C　N	C　N	NW	C　NNE	C　N	C　NNN	C　NNE	NNE
冬季最多风向平均风速(m/s)	4.7	4.8	3.0	2	2.6	4.2	3.6	7.0
夏季最多风向	C　SW	C　S	SE	C　S	C　SN	C　SW	SW	SSW
夏季最多风向平均风速(m/s)	3.0	2.4	2.6	2.6	3.0	3.4	3.5	4.6
城市	长春	吉林	哈尔滨	南京	苏州	杭州	合肥	福州
冬季最多风向	WSW	C　WSW	SW	C　ENE	N	C　N	C　E	C NNW
冬季最多风向平均风速(m/s)	4.7	4.0	3.7	3.5	4.8	3.3	3.0	3.1
夏季最多风向	WSW	C　SSE	SSV	C　SSE	SE	S　W	C SSW	SSE
夏季最多风向平均风速(m/s)	4.6	2.3	3.9	3	3.9	2.9	3.4	4.2

城市	厦门	南昌	济南	青岛	郑州	武汉	长沙	广州
冬季最多风向	ESE	NE	E	N	C NW	C NE	NNW	C NNE
冬季最多风向平均风速(m/s)	4.0	3.6	3.7	6.6	4.9	3.0	3.0	2.7
夏季最多风向	SSE	C WSW	SW	S	C S	C ENE	C NNW	C SSE
夏季最多风向平均风速(m/s)	3.4	3.1	3.6	4.6	2.8	2.3	1.7	2.3
城市	深圳	南宁	海口	重庆	成都	贵阳	昆明	拉萨
冬季最多风向	ENE	C E	ENE	CN NNE	C NE	ENE	C WSW	C ESE
冬季最多风向平均风速(m/s)	2.9	1.9	3.1	1.6	1.9	2.5	3.7	2.3
夏季最多风向	C ESE	C S	S	C ENE	C NNE	C SSW	C WSW	C SE
夏季最多风向平均风速(m/s)	2.7	2.6	2.7	1.1	2.0	3.0	2.6	2.7
城市	西安	兰州	西宁	银川	乌鲁木齐			
冬季最多风向	C NNE	C E	C SSE	C NNE	C SSW			
冬季最多风向平均风速(m/s)	2.5	1.7	3.2	2.2	2.0			
夏季最多风向	C ENE	C ESE	C SSE	C SSW	NNW			
夏季最多风向平均风速(m/s)	2.5	2.1	2.9	2.9	2.7			

在表 7-1 中共列有 37 个主要城市，其中冬季风速高于夏季的有 25 个，持平的有 1 个，冬季风速低于夏季的有 11 个。所以冬季高于夏季的占 67.6%，夏季高于冬季的占 29.7%。因此，式(7-1)以冬季最多风向的平均风速作为计算风压的迎风渗透计算风速是适宜的。

从表中还可见，某些西部城市如乌鲁木齐、重庆、兰州的风速比某些沿海城市如大连、青岛要小很多。

建筑高度对上述风速的影响很难确定，例如和密集程度就有很大关系。表 7-1 中数值的检测高度是 10m，这是气象站的规定。据计算分析（见表 7-2）[2]，除滨海城市对高层建筑可酌情提高计算风速外，其余地区均可忽略高度的影响，当然这是一种观点。

由于主要考虑外窗，所以内部楼梯间的竖井效应也不需考虑。

不同层高的 u(m/s) 表 7-2

层高	沈阳	天津	北京	哈尔滨	大连	青岛
3	3.6	3.6	4.3	4.6	6.4	7.0
6	3.6	3.8	4.5	4.5	6.5	7.0
30	2.1	2.9	4.5	5.1	7.5	7.0

7.4 外窗在风压作用下的渗透风量

1. 计算公式

如果以北京最大计算风速为北向的 $4.7\mathrm{m/s}$，设室内压力为 0，则由风压形成的内外压差 $P_1-0=\Delta P_1=0.9\times\dfrac{(4.7)^2\times1.2}{2}=12\mathrm{Pa}$。

不考虑朝向的缝隙的最大渗透风速 v 可以下式给出[1]：

$$v=\varphi\sqrt{\frac{2\Delta P_1}{\rho}} \tag{7-2}$$

由于缝隙阻力，$v<u$，最大渗透风量：

$$Q=3600\mu F\sqrt{\frac{2\Delta P_1}{\rho}}\,(\mathrm{m^3/h}) \tag{7-3}$$

式中　μ——流量系数，一般取 $0.3\sim0.5$。但因 $\mu=\varepsilon\varphi$，ε 为收缩系数，φ 为速度系数，理论值为 0.82，据作者的测定分析，缝的 φ 很小，最小可为 0.29[3]，设取 0.6，所以建议取 $\mu=0.3$；

　　　　F——缝隙面积，$\mathrm{m^2}$。

2. 按标准外窗计算渗透风量和窗缝

具体窗户的具体缝隙面积是很难给出的，现在可以换一个角度来考虑。国家标准《建筑外门窗气密、水密、抗风压性能分级及检测方法》GB/T 7106—2008 给出了建筑外门窗气密性分级表，见表 7-3。该表以总的压力差 ΔP 为 10Pa 制订。

建筑外门窗气密性能分级表　　　　　　　　　　　　　　表 7-3

分级	1	2	3	4	5	6	7	8
单位缝长分级指标值 $q_1[\mathrm{m^3/(m\cdot h)}]$	$4.0{\geqslant}q_1$ >3.5	$3.5{\geqslant}q_1$ >3.0	$3.0{\geqslant}q_1$ >2.5	$2.5{\geqslant}q_1$ >2.0	$2.0{\geqslant}q_1$ >1.5	$1.5{\geqslant}q_1$ >1.0	$1.0{\geqslant}q_1$ >0.5	$q_1{\leqslant}0.5$
单位面积分级指标值 $q_2[\mathrm{m^3/(m^2\cdot h)}]$	$12{\geqslant}q_2$ >10.5	$10.5{\geqslant}q_2$ >9.0	$9.0{\geqslant}q_2$ >7.5	$7.5{\geqslant}q_2$ >6.0	$6.0{\geqslant}q_2$ >4.5	$4.5{\geqslant}q_2$ >3.0	$3.0{\geqslant}q_2$ >1.5	$q_2{\leqslant}1.5$

根据 GB/T 7106—2008 的规定，确定当其每米缝长每小时漏风量在某范围以内时，即分出其不同的档次。在当前工艺水平下生产出的漏风量最小产品，可能会被作为最高一级看待了。

若每级窗均按 $1.5\mathrm{m}\times1.5\mathrm{m}$ 双扇考虑，则如图 7-3，有 5 条缝（只计窗框与

窗扇之间的活缝），缝长 7.5m。若以每一级允许最大漏风量为准，可算出可能的最大缝宽，见表 7-4。

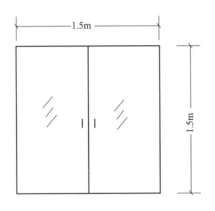

图 7-3　居室外窗缝示意

各级单窗漏风量和可能最大缝宽（内外最大压差 10Pa）　　表 7-4

窗分级	1	2	3	4	5	6	7	8
单窗最大允许漏风量(m³/h) （缝长 7.5m）	30	26.25	22.5	18.75	15	11.25	7.5	3.75
可能最大缝宽(mm)	0.9	0.8	0.68	0.57	0.45	0.34	0.23	0.13

若 Δp_1 不是 10Pa，是 $\alpha \Delta p_1$，漏风量变为 Q'，$Q' = \sqrt{\alpha} Q$，例如 Δp_1 增加 1 倍即 $\alpha = 2$，则 Q' 增加到 $\sqrt{2} Q = 1.414Q$。若 $\alpha = 0.05$，则 Q' 减少到 $\sqrt{0.05} Q = 0.22Q$，即压差由 10Pa 降为 0.5Pa，渗透风量还有最大迎风面计算风速时的 1/5 以上。以上述条件的 4 级窗在纯风压下仍有每窗约 $0.22 \times 2.5 \times 7.5 = 4.125 \text{m}^3/\text{h}$ 的渗透量。如果小卧室体积为 $10\text{m}^2 \times 2.6\text{m} = 26\text{m}^3$，按一个 4 级窗（7.5m 缝隙）计，则最少约 7h 渗入换气量即和此小卧室体积相当。

7.5　外窗在温差作用下的渗透风量

1. 温差引起的热压差

压差引起外门窗缝隙的渗透已为人所共知，但在讨论有关 PM2.5 时，如果没有风压渗透，还应有热压渗透。热压是由温差引起的，但温差的作用似乎没有引起足够的重视。

天气较冷时，这种热压现象在厨房中最明显，可见热气从纱窗上部排出，下部则看不到，但用手一试，有外部冷风渗入。

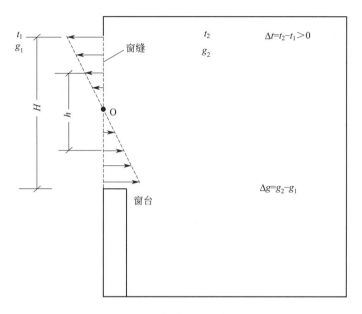

图 7-4 门窗的进出气流

北方冬天在平房居室外窗上安装的风斗也是利用热压现象。室内生炉子取暖，使室内温度高而产生对外的热压，炉子逸出的废气和颗粒物受热压作用被从风斗排出。出于自然平衡，室外冷新风就从各种缝隙进入室内，所以人在室内虽未开窗也并未感到气闷。

从图 7-4 可见，一般可以缝的中点"O"为中和点，一半进风一半出风。在进、出风面上由于温差产生的空气密度（ρ）形成的压差即热压差为[3]。

$$\Delta P_2 = gh\Delta\rho(\mathrm{P_a}) \tag{7-4}$$

中和点上部的 ΔP_2 为"—"，下部的 ΔP_2 为"＋"。

式中　g——重力加速度，$\mathrm{m/s^2}$；

　　　h——进出风面中心高度差，若以中心为中和点，则 $h=\frac{1}{2}H$，H 为缝高，m；

　　　$\Delta\rho$——进或出的气流密度差，$\mathrm{kg/m^3}$，ρ 见表 7-5。

由于进出风的温度不同，热气流（如冬天排出）的 ρ 小，冷气流（如冬天渗入）的 ρ 大。

由表 7-5 可见[4]，在正常大气压力下，室内外温差为 30℃（—10～20℃）时，$\Delta t=1℃$，$\Delta\rho=0.0046$。

63

大气压(mmHg)	ρ			
t(℃)	720	740	760	780
−10	1.271	1.307	1.342	1.377
0	1.225	1.259	1.293	1.727
10	1.182	1.215	1.247	1.280
20	1.141	1.173	1.205	1.237
30	1.104	1.134	1.165	1.196
40	1.069	1.098	1.128	1.158

按式(7-4)，当 $h=1$m，$\Delta t=1$℃时，有：

$$\Delta P_2 = 9.8 \times 1 \times 0.0046 = 0.045\text{Pa}$$

正因为热压这么小，容易被忽略。但在我国北方地区，冬天室内外温差一般都可达 30℃。则此时 $\Delta P_2 = 30 \times 0.045 = 1.35$Pa。此压差相当于 1.5m/s 计算风速的风压。

2. 热压渗透风量的计算

假如不考虑风压渗透。在 $\Delta t \geqslant 30$℃ 时，因室内外的 ρ 相差较大，排出热气流的 ρ 小，则 v 大，进入冷气流的 ρ 大，则 v 小。按自然通风原则，仍按居中计算缝隙面积，设纯热压进风为 Q_2'，排风为 Q_2''，则由式(7-3)得：

$$Q_2'' = 3600 \frac{\mu F}{2} \sqrt{\frac{2\Delta P_2}{\rho_1}} \tag{7-5}$$
$$Q_2'' = Q_2'$$

式中，$F=$总缝隙面积，$\dfrac{F}{2}=3.75\text{m} \times$ 缝宽，取室外进风为 −10℃ 时的 $\rho_1 = 1.342$，μ 取 0.3。Q_2' 值见表 7-6。

30℃温差渗风量　　　　　　　　表 7-6

窗分级	1	2	3	4	5	6	7	8
7.5m 缝的单窗最大温差渗入风量(m³/h)	5.21	4.63	3.94	3.27	2.61	1.96	1.33	0.75

完全无风，只有 30℃温差热压时，对于上述 26m³ 的房间如果是 4 级单窗，约经 8h 的换气量即和房间体积相当了。

7.6　外窗在风压—热压共同作用下的渗透风量

国家标准 GB 50736 给出了考虑多种因素的风压、热压共同作用的渗风量计算公式，相当复杂，有些系数也只能给出经验值范围。本节试图给出单纯外窗在风压、热压共同作用下的简明计算公式和理论值，以补充自然通风的计算方法。

如图 7-5 所示窗断面上风压、热压都存在，但是仍可区分几种情况。

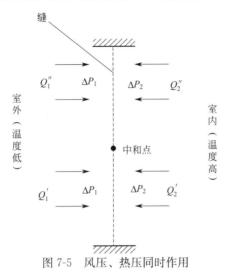

图 7-5　风压、热压同时作用

1. 只有风压作用

则风压作用下的渗透风量计算可按式(7-3)，并将其化简为：

$$Q = AF\sqrt{\Delta P_1} \tag{7-6}$$

式中，A 为系数。$A = 3600 \times 0.3 \times \sqrt{\dfrac{2}{1.342}}$，$\Delta P_1$ 为纯风压时内外压差。1.342 为进风的 $-10℃$ 的 ρ，也可按实际取值。

可知迎面压力增加 1 倍，不如缝隙面积（或长度）增加 1 倍引起的渗透风量大。

2. 风压等于热压

即 $\Delta P_1 = \Delta P_2$。显然窗的上半部（假定中心点为窗的中点）将无风进出，下半部的进风量（设为 Q_1）为：

$$Q_1 = \frac{AF}{2}\sqrt{\Delta P_1 + \Delta P_2} = \frac{AF}{2}\sqrt{2\Delta P_1} = 0.707AF\sqrt{\Delta P_1} \tag{7-7}$$

显然 $Q_1 < Q$。

3. 风压等于零

即 $\Delta P_1 = 0$，只有热压作用。

显然只有窗的下部有渗入风，设为Q_2。

$$Q_2 = \frac{AF}{2}\sqrt{\Delta P_2} \tag{7-8}$$

只有$\Delta P_2 > 4\Delta P_1$时，纯热压渗入风才大于某ΔP_1的纯风压渗入风量。

4. 热压小于风压

即$\Delta P_2 < \Delta P_1$。

显然全窗都有渗入风，设为Q_3。

$$Q_3 = \frac{AF}{2}(\sqrt{\Delta P_1 + \Delta P_2} + \sqrt{\Delta P_1 - \Delta P_2}) = \frac{AF}{2}(\sqrt{C\Delta P_1} + \sqrt{D\Delta P_1}) \tag{7-9}$$

显然$2 > C > 1$，$D < 1$，因用$C\Delta P_1$代（$\Delta P_1 + \Delta P_2$），用$D\Delta P_1$代（$\Delta P_1 - \Delta P_2$），所以$(C+D)\Delta P_1 = 2\Delta P_1$，$C+D$一定等于2；$\sqrt{C} + \sqrt{D}$一定大于$\sqrt{2}$，一定小于2，则$Q > Q_3 > Q_1$，同时$Q_3$可能小于$Q_2$，也可能大于$Q_2$。

5. 热压大于风压

即$\Delta P_2 > \Delta P_1$。

显然窗的上半部为出风，只有窗的下半部为进风，设为Q_4。

$$Q_4 = \frac{AF}{2}\sqrt{\Delta P_1 + \Delta P_2} = \frac{AF}{2}\sqrt{B\Delta P_1} \tag{7-9}$$

显然当$B > 2$，则$Q_4 > Q_1$，如果$B > 4$，即$\Delta P_2 > 3\Delta P_1$，则$Q_4 > Q$，否则$< Q$。

例如在略大于静风（设为0.35m/s）时，4.5℃温差的热压（$4.5 \times 0.0045 = 0.202$Pa）作用大于此时风压（0.066Pa，见下面计算）3倍的作用，所以在几乎无风而只有几度室内外温差的情况下，有$Q_4 > Q$。

由于雾霾天基本是静风，所以当温差$\geqslant 4.5$℃时，此时热压和风压共同作用下的渗风量最大。所以宜按当地冬季较大室内外温差计算，因在有关规范上可以查到的是冬季室外供暖计算温度，如北京为-7.6℃，三亚为17.9℃。建议降低3℃，并且冬季室内按20℃考虑，作为较大室内外温差。所以即使是三亚，冬季室内外温差也可超过4.5℃，夏季更超过了。所以各地皆可按略大于静风风速（如0.35m/s）与热压共同作用下的渗透风量计算雾霾天的污染渗透。当然也可根据实际地区情况按设定的风速计算。

7.7 雾霾天污染渗入量的计算

1. 确定雾霾天渗入室内的尘浓

为了计算含尘浓度，首先要确定渗入的风量。前面已提出，本应以冬季平均最多风向的风速为计算风速以求出迎风面压力，国家标准中 4 级窗的渗透量是按 10Pa 压差（迎风面压力与室内"0"压压差）确定的。但是雾霾天含尘浓度大但风速小，一般处于静风状态，例如 2016 年 11 月 29 日全天为中到重度雾霾，据 4 层楼外监测，全天风速除个别阵风外，约在 0.3～0m/s 之间。少数时间达到 1m/s 以上。一旦起风了，霾也将逐渐消散。

表 7-7 是 2017 年初上述 4 层楼外监测点的几个数据。

监测数据 表 7-7

时间	PM2.5（$\mu g/m^3$）	风速（m/s）
2 月 14 日上午 9 时半左右	120	1
下午 3 点	240	0.3
5 点 30 分	223	0.3
6 点 20 分	235	0.3
2 月 15 日上午 9 时 15 分	288	0
2 月 16 日上午 9 时 15 分	100.7	1.5
10 时 15 分	18	1.8
下午 2 点 30 分	18	1.5
6 点 30 分	18	1.5

大约在中度污染以上风速逐渐趋于 1m/s 以下直至静风。

在 1.1 节中指出冬季大气污染尤其严重，这都和气象有关。其一是据第一章所引中国工程院的评估，冬季北方地区还要供暖，仅北京 2015 年全年 1200 万 t 燃煤中，75% 集中于供暖期。其二是据第一章所引环保部部长答记者问，2013 年以来供暖期大风频率都在 10% 以下，小风和高温频率都在 50% 以上，2016 年达到 60%。所以考虑雾霾天污染浓度计算时，应注意到这一现象。

假定按 0.35m/s 风速考虑，设 ρ 按 1.2 取（当然也可按实际值取），则迎面风压由式(7-1)求出：

$$\Delta P_1 = 0.9 \frac{(0.35)^2 \times 1.2}{2} \approx 0.066 \text{Pa}$$

由式(7-3)和表 7-4 中的缝宽数据，求出 4 级单窗在该风压下的渗风量：

$$Q = 3600 \times 0.3 \times 7.5 \text{m} \times 0.57 \times 10^{-3} \sqrt{\frac{2 \times 0.066}{1.2}} = 5.96\sqrt{0.066} = 1.53 \text{ m}^3/\text{h}$$

假定室内外温差为 4.5℃，热压 ΔP_2 应为：

$$\Delta P_2 = 9.8 \times 4.5 \times 0.0046 = 0.202 \text{Pa}$$
$$3\Delta P_1 = 3 \times 0.066 = 0.198 \text{Pa}$$
$$\therefore \Delta P_2 > 3\Delta P_1$$

所以根据上节第"5"点的结论的风压、热压共同作用下的渗风量将大于单纯风压的作用，渗透风量按式(7-8)计算：

$$Q_4=\frac{AF}{2}\sqrt{0.066+0.202}=\frac{5.96}{2}\sqrt{0.268}=1.54\text{m}^3/\text{h}$$

若为 15℃ 温差，则 ΔP_2 可达 0.68Pa，有：

$$Q_4=2.58\text{m}^3/\text{h}$$

若为 30℃ 温差，则 ΔP_2 可达 1.35Pa（此时式中的系数因 ρ 由 1.2 变为 −10℃时的 1.342 而成 5.64），

$$Q_4=3.36\text{m}^3/\text{h}$$

对于 12 m²（30m³）的卧室来说，渗透风约 20h 甚至 9h 可完成 1 次换气。即一夜之后，室内浓度就接近室外浓度了。

对于 20 m²（50m³）有 1.5 个 4 级窗的客厅，在 30℃ 温差时不到 10h 室内浓度就可接近室外浓度了。

如果将 4 级窗改为 7 级窗，缝宽可能减小到 0.23mm，则 4.5℃ 温差时，Q_4 仅剩 $1.54\times\dfrac{0.23}{0.57}=0.62\text{ m}^3/\text{h}$。30℃ 温差时的渗透风量为 $1.42\text{m}^3/\text{h}$，比 4 级窗 4.5℃ 温差时还小，情况将大为改观。

综上分析，当 $\Delta t\geqslant4.5$℃ 时，雾霾天的渗风量应按风、热压共同作用计算。风压可按 0.35m/s 风速计算或按设计数值如 1m/s 计算。如按 1m/s，则上述 4.5℃ 时渗风量将增加 $1\text{m}^3/\text{h}$。

2. 穿透系数

穿透系数这一概念，在文献上表述得很多，如以某符号表示"颗粒物从室外进入室内的穿透系数"，说明"建筑物对颗粒物的穿透系数"[①] 是多少（比例数）。或者说是"跟随渗透风穿过建筑物（围护）结构进入室内的颗粒物质量浓度比例"。渗透风量是不可能穿过实体围护结构的，应是指缝隙，而且主要是指门窗缝隙，这必须在名词定义中出现，否则即使后面解释为缝隙，也是不严谨的。而且渗透不仅是风力。建筑物（高层除外）有可透风的缝隙，则是不可思议之事。

所以本书特别指出："穿透系数是指通过门窗缝隙渗入室内的颗粒物浓度与室外浓度之比值"。

雾霾中的微粒经窗缝时不能完全进入，应滞留一些。由于窗缝结构各不相同，不论是实验还是数模（有时甚至只用矩形直缝）都是难以反映实际的。所以改成"缝隙穿透"

所以为安全计，一种观点是按全穿透计算，另一种观点是给一个穿透系数。

[①] 引用文献原文，笔者认为应为"颗粒物对建筑物的穿透系数"。

作者工作单位实测得到的门窗关闭下的结果见表 7-8，所谓穿透系数可按 0.75 考虑，即室内浓度最终可达到 75％ 的室外浓度数值。国家标准《空气净化器》则设穿透系数为 0.8[5]，都无不可，为安全计，按全穿透似可行。

实测室内外 PM2.5 浓度   表 7-8

日期	地点	平均 PM2.5	室内外浓度比
2014 年 2 月 24 日	室外（三环边）	$772\mu g/m^3$	0.72
	室内（窗户关闭）	$556\mu g/m^3$	
2014 年 3 月 3 日	室外（三环边）	$529.7\mu g/m^3$	0.73
	室内（窗户关闭）	$388.3\mu g/m^3$	

下面写出雾霾天风压热压共同作用下渗风量通式：

温差＜15℃：

$$Q_4 = 0.7 \times 缝长(m) \times 最大缝宽(mm) \times \sqrt{0.066 + \Delta P_2} \, (m^3/h) \quad (7\text{-}10)$$

温差≥15℃：

$$Q_4 = 0.66 \times 缝长(m) \times 最大缝宽(mm) \times \sqrt{0.066 + \Delta P_2} \, (m^3/h) \quad (7\text{-}11)$$

不同地区只改变 ΔP_2 的数字，0.066 的数值变化很小，可以不改变。

0.7 和 0.66 均为缝宽单位应用毫米 $\dfrac{A}{2}$ 的值。

本章参考文献

[1] 许钟麟著，空气洁净技术原理（第四版）. 北京：科学出版社，2014.
[2] 赵鸿佐，瞿海林. 安全概念法确定我国渗透计算风速，暖通空调，1994，24（1）：16～20.
[3] 许钟麟著. 隔离病房设计原理. 北京：科学出版社，2006.
[4] 日本空氣清淨協會编. 空氣清淨ハンドブック. オーム社，1981.
[5] 中国家用电器研究院，空气净化器 GB/T 18801—2015. 北京：中国标准出版社，2016.

第8章　空气净化器净化能力的计算[1]

8.1　概述

1. 计算的必要性

使用空气净化器后，能在什么样的室外污染条件下，将室内污染浓度维持在一个什么水平，是衡量空气净化器能力的必要条件，也是使用者关心的核心问题之一，是设计制造者要明确回答的主要问题之一。空气净化器能力的计算方法也适用于空气净化系统的计算。

2. 计算的难点

计算空气净化器净化能力最大的难点是不知道 PM2.5 的效率；其次是要不要按不保证率计算？不保证率又怎么取？

其他问题空气洁净技术原都可以找到线索。

8.2　计算参数的确定

根据式（5-16），计算室内含尘浓度将涉及的参数有：

η——过滤器的效率；

M——大气尘浓度；

G——室内单位容积发尘量；

n——换气次数；

S——回风比；

ψ——不均匀分布系数。

以下将分别确定。

1. 关于 η

讨论空气净化器和雾霾离不开

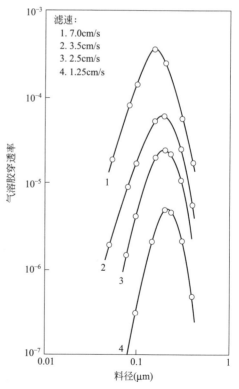

图 8-1　中国滤料 1（常规高效）的粒径和穿透率的关系

PM2.5 即≤2.5μm（空气动力管直径）微粒的计重效率如何采用的问题。由于粒子计数仪器都采用≥某粒径的计数方法，所以 PM2.5 的效率问题一直困扰着空气净化器和雾霾的计算与分析。下面通过定性分析，讨论三个替代方法：一个是用最常用的≥0.5μm 计数效率代替 PM2.5 计数效率；一个是用最易穿透粒径计数效率代替 PM2.5 计数效率；还有一个是用≥0.5μm 计数效率代替 PM2.5 计重效率。

（1）用≥0.5μm 计数效率代替 PM2.5 计数效率

平时使用的空气净化器中过滤器的效率，可以用≥0.5μm 的计数效率。我国最低的 A 类高效过滤器钠焰法效率≥99.9%，相当于≥0.5μm 的计数效率 99.99% 以上，B 类高效过滤器钠焰法效率≥99.99%，相当于≥0.5μm 的计数效率 99.999% 以上。

不要误解 0.05 用≥0.5μm 计数效率，不是说对 0.5μm 以下的微粒就没有效率，从图 8-1 中国滤料和图 8-2 美国滤料[2]可见，对 0.1μm 仍有和 0.5μm 相近的效率。

表 8-1[2]是丙纶滤料的效率，0.4μm 的效率比 0.4μm 以下的微粒效率都高，最低效率在 0.05μm 粒径附近，所以 0.5μm 以上粒径的效率是越来越高的，所以在正常情况下用≥0.5μm 计数效率来设计、计算、比较空气净化器是安全可行的。

国产丙纶纤维滤料对 DOP 的效率 表 8-1

ΔP (Pa)	20.3	40.6	59.9	116.8	482.6
v(cm/s)	1.25	2.5	3.5	7.0	13.4
粒径（μm）			效率（%）		
0.5	—	—	—	—	99.83
0.4	99.9994	99.995	99.984	99.83	99.59
0.3	99.9991	99.990	99.970	99.71	99.12
0.2	99.9950	99.970	99.920	99.41	98.37
0.15	99.9600	99.870	99.780	98.48	97.78
0.10	99.8800	99.660	99.370	98.62	96.26
0.08	99.8500	99.560	99.270	96.52	95.39
0.05	99.8400	99.400	99.170	95.54	93.80
0.03	99.9700	99.860	99.710	98.92	—

（2）用最易穿透粒径（MPPS）效率代替 PM2.5 计数效率

最易穿透粒径效率是高效和超高效过滤器的最低效率，该效率比更小粒径的效率还低。从图 8-1 和图 8-2 可见，高效过滤器最易穿透粒径在 0.2～0.3μm 之间，理论计算值也在 0.2～0.3μm 之间[2]，效率≥99.9%。所以如果已知高效过滤器的最易穿透粒径的效率，用此效率代表≤2.5μm 微粒的计数效率计算 PM2.5 是安全的。至于超高效过滤器，最易穿透粒径更小，约在 0.15～0.2μm 之间，见图 8-3，这是中国制冷空调工业协会标准 CRAA431.1-2008 给出的

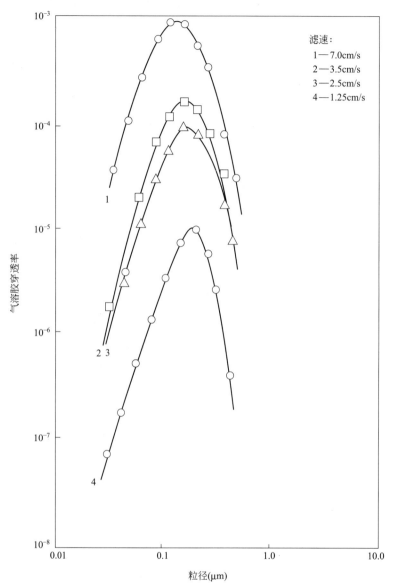

图 8-2 美国 HEPA 滤料（常规高效）
的粒径和穿透率的关系

实例。

（3）用≥0.5μm 计数效率代替 PM2.5 的计重效率

在讨论雾霾时，如能用对≤2.5μm 微粒的计重效率，对普通使用者可能更直观，但对于专业人士一般不影响其判断。在缺乏雾霾天大气尘分布和实测资料的情况下，下面试作定性分析。

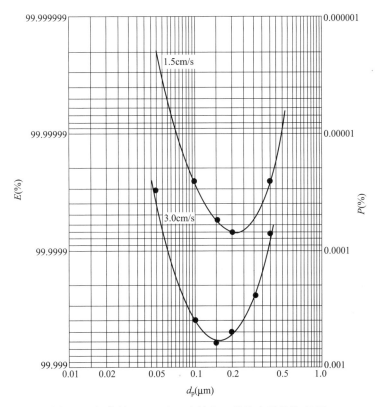

图 8-3　超高效（ULPA）滤料在 2 种风速下的效率 E，
透过率 P 与粒径 d_p 的关系（实例）

　　由于正常大气尘分布和雾霾天等有光化学烟雾污染时候的分布不同，单纯用气溶胶试验找过滤器对 PM2.5 的效率是缺乏可比性的。

　　正常情况下，大气颗粒物的分布，如表 8-2[3] 所列，$0.5\mu m$ 以下颗粒只占总重量的 1%，质量分布的单峰出现在 $5\sim10\mu m$ 区间。而光化学烟雾污染时，呈双峰分布，见图 8-4[4]。

正常情况下大气尘按数量和质量的分布　　　　　　　　　　表 8-2

区间 （μm）	平均粒径 （μm）	数量（%）		数量（%）	
		全部	$0.5\mu m$ 以上为 100	全部	$0.5\mu m$ 以上为 100
$0\sim0.5$	0.25	91.68	—	1	—
$0.5\sim1$	0.75	6.78	81.49	2	2.02
$1\sim3$	2	1.07	12.86	6	6.06
$3\sim5$	4	0.25	3	11	11.11
$5\sim10$	7.5	0.17	2	52	52.53
$10\sim30$	20	0.05	0.65	28	28.28

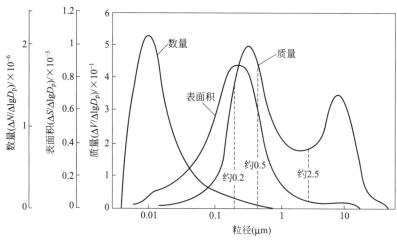

图 8-4　有光化学烟雾污染的大气尘全粒径分布一例

（图中虚线为作者所加）

过滤器的计重效率一般均会高于计数效率，例如实验证明，对 $\geqslant 0.5\mu m$ 计数效率达到 80% 以上时，其计重效率可能接近 97%，因为过滤器对微米级颗粒的过滤效率远高于对亚微米级颗粒的过滤效率，对高效过滤器此效率接近百分之百。对于 99.9% 以上的计数效率，其计重效率至少看成与其相当不会有问题，这一点是下面讨论的主要依据。

从图 8-4 可见，$0.5\mu m$ 以上颗粒物的质量约在整个粒径范围的 2/3 以上。前面说过，以 $\geqslant 0.5\mu m$ 计数效率为准不是说对 $<0.5\mu m$ 的就没有效率，除在 $0.2\sim 0.25$ 区间其效率可能低一个量级，粒径再小时的效率和 $0.5\mu m$ 的不相上下，所以高效过滤器的计重效率按 $\geqslant 0.5\mu m$ 计数效率取，差别不会很大。非高效过滤器则相差很大。

从图 8-4 可见，小于最易穿透粒径 $0.2\mu m$ 的颗粒物质量约占 10% 以下，如果按最低的 $\geqslant 0.2\mu m$ 的计数效率和相当于此的计重效率进行计算，将有较大的安全系数。

以上是就全粒径分布而言的。

如果要用 PM2.5 即 $\leqslant 2.5\mu m$ 的计重效率，从图 8-4 可见，用 $\geqslant 2.5\mu m$ 的计数效率代表此计重效率显然偏高，而用 $\geqslant 0.2\mu m$ 的计数效率代表，显然偏小（当然安全）。

从图 8-4 可见，$0.5\mu m$ 下至约 $0.01\mu m$，上至约 $2.5\mu m$，以及 $2.5\mu m$ 至上限，这三个区间的质量浓度大体相当。又 $\geqslant 0.5\mu m$ 计数效率将大于 $\leqslant 2.5\mu m$ 的计数效率（因后者有最低效率存在），而 $\leqslant 2.5\mu m$ 的计数效率将小于其计重效率，因此 $\geqslant 0.5\mu m$ 计数效率可能与 $\leqslant 2.5\mu m$ 的计重效率相当。这一情况可能出现在亚高效以上特别是高效过滤器中，而且是在雾霾天。如果对于正常天的大气分布，从表 7-10 可见，$\leqslant 2.5\mu m$ 的质量只约占全部质量的 9%，而 $\geqslant 0.5\mu m$ 的质量则占到全部质量的 99%，所以不可能有上述结论。

对于中效过滤器（$\geqslant 0.5\mu m$ 计数效率在 50% 左右），在雾霾天，$>2.5\mu m$ 的粒数将远小于 $<0.5\mu m$ 的粒数，所以其 $\geqslant 0.5\mu m$ 计数效率将可能小于 $\leqslant 2.5\mu m$ 的计数效率。该过滤器效率越低，这一情况越明显，从而有可能使 $\geqslant 0.5\mu m$ 计数效率也小于 $\leqslant 2.5\mu m$ 的计重效率。

上面基于图 8-4 的分析只是基于实际污染天的一例，和别的污染天分布的分析也会有出入。

图 8-5 是一个测定实例[5]。用液态气溶胶作人工尘，测 $\geqslant 0.5\mu m$ 计数效率，用受试空气测 PM2.5 计重效率。可见在 $\geqslant 0.5\mu m$ 的效率为 70% 以上（属高中效过滤器）时，$\leqslant 2.5\mu m$ 计重效率。和 $\geqslant 0.5\mu m$ 计数效率相当，$\geqslant 0.5\mu m$ 计数效率 $<70\%$ 时，上述计重效率将高于上述计数效率。过滤器效率越低越明显。例如 $\geqslant 0.5\mu m$ 计数效率为 50%，$\leqslant 2.5\mu m$ 的计重效率为 56%；计数效率为 20% 时，该计重效率约为 34%；计数效率为 10%，则计重效率翻一番以上达 26%。

该实例和上面的定性分析基本吻合。说明图 8-4 的例子相当于轻度至中度的霾污染。

该测定未说明测定是否为雾霾天，但给出的 PM2.5 浓度为 $88\sim159\mu g/m^3$，平均为 $116.3\mu g/m^3$，为中度霾中的轻者。说明图 8-4 的例子相当于轻度至中度的霾污染。如果能有重度及以上霾的测定结果，更有助于说明问题。

由于雾霾天的微粒分布也不同，所以应有多种雾霾天的实测数据，然后分析，可望得到一个在多数情况可被采用的数据和修正方法。但从前面的定性分析可知，如果 $2.5\mu m$ 以下微粒质量浓度在重度霾时更大，则在高效率段 $\geqslant 0.5\mu m$ 计数效率将低于 PM2.5 计重效率，低效率段的计数效率和计重效率差别可能再大一些。

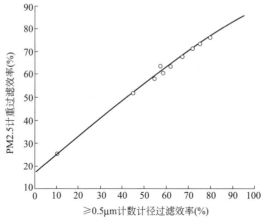

图 8-5　空气过滤器粒径 $\geqslant 0.5\mu m$ 的计数计径过滤效率
与 PM2.5 计重过滤效率的对应关系

由于空气净化器一般采用亚高效以上过滤器，所以在计算雾霾天的以计重效率表示的净化效果时，可以用$\geqslant 0.5\mu m$计数效率来计算、评估。可以按以下公式计算。

图8-5的测定结果已近乎直线，设以直线代之，作者代拟出经验公式为：

$$y = 17.5\% + 0.76 \cdot x \tag{8-1}$$

式中　y——PM2.5计重效率，%

x——PM2.5计数效率，%

17.5%为图8-5中截距。

算例1：实测x为45.2%，求y。

解：$y = 17.5\% + 0.76 \times 45.2\% = 51.9\%$

y实测值为52.3%。

算例2：算例1中x为75%，求y。

解：$y = 17.5\% + 0.76 \times 75\% = 74.5\%$

y实测值为74.5%。

2. 关于 M

（1）计数浓度

根据本书第5章的分析，对于$\geqslant 0.5\mu m$达到10^6粒/L即达到污染的标准。而国家标准《空气净化器》要求试验原始浓度达到$\geqslant 0.3\mu m$为$10^6 \sim 10^7$粒/L。从表5-1可见，严重污染时$\geqslant 0.5\mu m$微粒远大于10^6粒/L，这里建议对严重雾霾天取$\geqslant 0.5\mu m$为10^7粒/L，当然这仅是建议。

（2）计重浓度

如果按PM2.5计重浓度计算，室外PM2.5浓度如何取值？是否按不保证率或不保证天数计算？作者认为，对于空气净化器的应用来说，这种意义不大，这是因为：

1）PM2.5浓度的监测也只是近4年的事；

2）雾霾天的PM2.5不像正常的大气尘浓度分布有较明显的规律，而是受气候、污染源等影响，偶然性很大，更远不如温湿度的稳定性；

3）室外PM2.5浓度大小，只影响到使用空气净化器后达到标准的稳定浓度的自净时间，对于采用亚高效以上过滤器的空气净化器，即使在极高的室外浓度下，使室内达到标准浓度也是很容易办到的，并未因此多花费用和能量；对于有10次左右换气次数的一般空调系统从下文对室内浓度计算可知，选择不低于高中效的过滤器，在M不高于$365\mu g/m^3$时，都可以满足标准要求，M的差别对设备并无实质影响；

4）按所谓不保证率计算，即使只有百分之五的不保证率，像北京这样雾霾较重的城市，算出的设计浓度可能只有二百几十微克/立方米，而据 2014 年 2 月 26 日报纸报道，全国 161 个监测城市中有 58 个大于 $150\mu g/m^3$，其中又有 23 个大于 $250\mu g/m^3$，北京平均污染更达到 $333\mu g/m^3$，个别点的单次测定可能远高于此数，达到 $500\mu g/m^3$ 以上。同年 2 月 24 日在北京北三环路边院内测定甚至达到 $772\mu g/m^3$。北京在 2016 年 12 月 16~21 日的 6 天内，经常"爆表"（即达到 $500\mu g/m^3$），个别地点达 $1000\mu g/m^3$。又据网上发布的环境保护部《2016 中国环境状况公报》，2016 年全国 338 个地级及以上城市中，254 个城市环境空气质量超标，占 75.1%。

像空气净化器这种设备，主要是应对污染天气的，第 1 章提到的中国工程院评估报告，在 338 个被统计城市中平均超标天数比例为 23.3% 即约 85 天。按环境保护部公报，2016 年此比例降到 21.2%，即约 74 天。既然不会是全年使用的，在约不到 100 天使用时间中按严重污染考虑是安全的。第 1 章已指出，按我国规定，PM2.5 24h 平均浓度超过 $150\mu g/m^3$，为重度污染，超过 $250\mu g/m^3$ 为严重污染，为安全计可参考上述北京市平均浓度 $333\mu g/m^3$，对北京取 $350\mu g/m^3$，甚至取 $500\mu g/m^3$。

空气净化器是不会按不保证率来区分的，使用者也不会按不保证率来操作。这和冷热负荷是不一样的。所以按上述考虑取值 M，应是适用的。

3. 关于 G

（1）净化器有引入新风的，室内一般有一定正压，此时可不考虑缝隙渗透，则只有室内的发尘。

室内发尘当然很复杂，但也可考虑一个简单但偏安全的情况。通过以后实践修正。

穿普通服装的人各种动作平均发尘量为 2.14×10^5 粒/(min·人)[6]。各种表面发尘更难确定，这里只能先假定。

假定人员密度为 0.15，如 $20m^2$ 的小厅有 3 个人。按洁净室计算，以 $8m^2$ 洁净地面相当于 1 个穿洁净服的人的发尘，不妨设 $8m^2$ 非洁净地面相当于 1 个穿普通服装的人发尘。则从宽相当于 $20m^2$ 为 6 个人，人员密度为 0.3。即相当于人员密度加倍的情况。

每平方米只有 1 人，则此时单位容积（高为 2.5m）发尘量为：

$$\frac{2.14\times10^5}{2.5\times1}=0.86\times10^5 \text{粒}/(m^3 \cdot min)$$

当考虑表面发尘，即当量人员密度由上述 0.15 加倍按 0.15×2 考虑时，有：

$$G=0.15\times2\times0.86\times10^5=0.26\times10^5 \text{粒}/(m^3 \cdot min)$$

计算时无需考虑各种临时情况的发尘，如炊事活动，则有抽油烟机临时排除，否则徒然增加难度而无多大实际意义。

从 G 的大小可见，由于比新风的浓度小得多，而且正常家居时，并未出现雾霾天那样的室内污染，所以也可忽略（如净化器国家标准）。

（2）室内自循环的，则将 G 分为 G_1 和 G_2 两部分考虑。

1）室内发尘设为 G_1，仍取上述的结果：$G_1 = 0.26 \times 10^5$ 粒/$(m^3 \cdot min)$

2）将室外侵入的微粒也看作室内发尘，设为 G_2。

按前面的分析设一个 $20m^2 \times 2.5m$（高）的客厅，有一个相当于 4 级的窗，在 $30℃$ 温差的热压和风压（$0.35m/s$ 风速）共同作用下，按本书 7.8 节，每扇 4 级窗渗入 $3.36m^3/h$ 污染空气，应有渗入计数浓度：

$$G_2 = \frac{p \times q \times M}{60 \times F \times H}$$ (8-2)

式中 p——穿透系数，取 0.75；

  q——风、热压共同作用下渗风量（按 30 度温差计，见 7、8 节第 1 点），L/h 或 m^3/h；

  M——室外大气尘计数浓度取 $\geq 0.5mm$，粒/L，或计重浓度（取 PM2.5），$\mu g/m^3$；

  F——室面积，m^2；

  H——室净高，m。

代入各数值后，得计数浓度：

$$G_2 = \frac{0.75 \times 3.36 \times 10^3 \times 10^7}{60 \times 20 \times 2.5} = 0.84 \times 10^7 \text{粒}/(m^3 \cdot min)$$

计重浓度：

$$G_2 = \frac{0.75 \times 3.36 \times 350}{60 \times 20 \times 2.5} = 0.3 \mu g/(m^3 \cdot min)$$

如前述，可以如上式考虑 0.75 的穿透系数，也可按全穿透计。

4. 关于 n

设该客厅体积为 $20 \times 2.5 = 50$ m^3。
空气净化器额定风量 $300m^3/h$，则 $n = 6$ 次/h；
空气净化器额定风量 $400m^3/h$，则 $n = 8$ 次/h。

5. 关于 S

S 由新风比 $(1-S)$ 确定。

$$1 - S = \frac{Q}{Q_0}$$ (8-3)

式中 Q——新风量，m^3/h，一般情况下，民居和公共场所以稀释 CO_2 需要的风量为准；

Q_0——总送风量，m^3/h。

$$Q = \frac{L}{(C-C_0) \times 10^{-3}} \tag{8-4}$$

式中 L——室内发生的 CO_2 气体量，m^3/h；见表 8-3[6]。按安静状态考虑，由
表 8-3 取 0.013m^3/（人·h）；

C_0——大气中 CO_2 气体浓度（L/m^3）；城市实测往往大于 0.3L/m^3，设取
0.4L/m^3；

C——控制的 CO_2 气体浓度，据国家标准《室内空气质量标准》GB/T
18883 取为 0.10%，即 1L/m^3。

则 $$Q = \frac{0.013}{(1-0.4) \times 10^{-3}} = \frac{0.013}{0.0006} = 22 \text{ m}^3/\text{h}$$

若考虑 3 人，则 $Q = 66 \text{ m}^3/h$，若

$Q_0 = 300 \text{ m}^3/h$，则 $1-S = 0.22$；

若 $Q_0 = 400 \text{ m}^3/h$，则 $1-S = 0.165$。

这一新风量不仅可满足人的需求，而且根据本书 7.8 节，一个 3 人活动的客厅若
有 1.5 个 4 级窗大小的外窗，在重雾霾天（即风速极小），30℃温差条件下，渗入风
量仅为 $1.5 \times 3.36 = 5 \text{ m}^3/h$，即便是按表 7-3 的 10Pa 压差计，最大也只有 28 m^3/h。
这两种渗透风完全可以被上面计算出的新风量形成的正压抵挡住而不能渗入室内。

男子劳动强度和 CO_2 呼出量的关系　　　　　　　　　　　　　　　表 8-3

劳动强度	CO_2 呼出量[m^3/（人·h）]	计算采用呼出量[m^3/（人·h）]
安静时	0.0132	0.013
极轻劳动	0.0132～0.0242	0.022
轻劳动	0.0242～0.0352	0.03
中劳动	0.0352～0.0572	0.046
重劳动	0.0572～0.0902	0.074

以上新风量取值已远大于《民用建筑供暖通风与空气调节设计规范》GB
50736-2012 的要求，表 8-4 是该规范要求。

居住建筑最小新风量换气次数　　　　　　　　　　　　　　　　　表 8-4

	换气次数（h^{-1}）
人均居住面积≤10m^2	0.70
10m^2<人均居住面积≤20m^2	0.60
20m^2<人均居住面积≤50m^2	0.50
人均居住面积>50m^2	0.45

该例客厅为 20m² (50m³)，按表 8-4 新风量相当于 0.5 次换气即 25m³/h。若此 3 人住两室一厅，面积设为 20＋15＋15＝50 m²，体积为 125 m³，仍适用 0.5 次新风换气，则应有 62.5 m³/h，如两卧室门全开，上述 66 m³/h 新风也满足要求。从图 8-6 统计结果可见，不同国家标准中有 2/3 的标准最小新风换气次数为 0.5[7]。

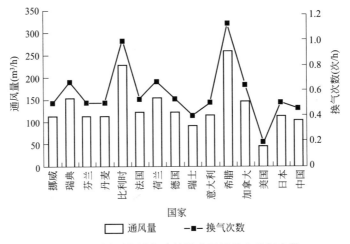

图 8-6 不同国家居住建筑最小通风量和换气次数

6. 关于

根据本书第 5 章，$n＝6$　ψ 取 1.9；$n＝8$，ψ 取 1.7。

8.3 有新风工况的 N 的计算

1. 计数浓度

$$N=\psi\frac{60G\times10^{-3}+Mn(1-S)(1-\eta_n)}{n[1-S(1-\eta_r)]} \tag{8-5}$$

n 取 6 次时，$\psi＝1.9$（暂按洁净室，下同）。

因室内有正压，不考虑新风渗透，只有室内发尘。

由 8.2 节知：

$$G=G_1=0.26\times10^5 粒/(m^3\cdot min)$$

$$1-S=0.22, \quad S=0.78$$

$$\eta_n=\eta_r=0.9（计数）$$

由于室内正压，不考虑渗入风，所以无所谓穿透系数问题。

则：$N = 1.9 \dfrac{60 \times 0.26 \times 10^5 \times 10^{-3} + 10^7 \times 6 \times (1-0.78)(1-0.9)}{6[1-0.78(1-0.9)]}$

$\quad = 1.9 \dfrac{15.6 \times 10^2 + 0.132 \times 10^7}{6 \times 0.922} = 1.9 \dfrac{0.0156 \times 10^5 + 13.2 \times 10^5}{5.53}$

$\quad = 4.59 \times 10^5 \text{粒/L}$

$$\eta_n = \eta_r = 0.99（计数）$$

则

$$N = 1.9 \dfrac{0.0156 \times 10^5 + 1.32 \times 10^5}{6 \times 0.9922} = 1.9 \dfrac{1.336 \times 10^5}{5.953} = 0.43 \times 10^5 \text{粒/L}$$

$\eta = 0.9$ 的净化器，可使室内浓度降到室外浓度的 $1/20$，家用是可行的，当然 $\eta = 0.99$ 的净化器，室内浓度再降一个量级，当然更好了。

如果 M 取 10^6，则 N 也降低近 90%。

2. 计重浓度

若按计重浓度计算居室内发尘 G_1 和 M 相比，很小，且不好换算，可予以忽略。在全穿透时有：

$$N = \psi \dfrac{Mn(1-S)(1-\eta_n)}{n[1-S(1-\eta_r)]} = 1.9 \dfrac{350 \times 6 \times (1-0.78)(1-0.9)}{6[1-0.78(1-0.9)]} = 16 \mu g/m^3$$

若按高中效过滤器计算，取最下限效率为 0.7，则 $N = 57.2 \mu g/m^3$ 和室外"良"的级别相当，不影响使用。所以对于一般空调系统，其过滤器总效率应不低于高中效过滤器。

从上面计算可见，对于引入新风而无渗透风的情况，以计重浓度为例，室外浓度在 $200 \sim 700 \mu g/m^3$ 之间变化，室内浓度也在 $10 \sim 30 \mu g/m^3$ 之间波动，所谓不保证率并无多少实际意义。

3. 自净时间计算

针对以上稳定浓度具体计算结果，再计算一下自净时间。查自净时间算图图 6-1 时的 $\dfrac{N_0}{N}$ 中的 N_0 是室内原始浓度，可取 $N_0 = 0.75M$，计算结果列在表 8-5 中。

按计数浓度自净时间计算结果 表 8-5

序号	n（次/h）	η（%）（计数）	$\dfrac{N_0}{N}$	查图 6-1 得 $n\eta t$	$t = \dfrac{n\eta t}{n\eta}$（min）
1	6	0.9	$\dfrac{0.75 \times 10^7}{4.59 \times 10^5} = 16.34$	≈ 450	$\dfrac{450}{6 \times 0.9} = 83$

序号	n(次/h)	η(%)(计数)	$\dfrac{N_0}{N}$	查图 6-1 得 $n\eta t$	$t=\dfrac{n\eta t}{n\eta}$(min)
2	8	0.9	$\dfrac{0.75\times10^7}{2.39\times10^5}=31.38$	≈470	$\dfrac{490}{8\times0.9}=68$
3	6	0.99	$\dfrac{0.75\times10^7}{0.43\times10^5}=174.4$	≈585	$\dfrac{585}{8\times0.99}=74$
4	6	0.9	$\dfrac{0.75\times350}{16}=16.4$	≈450	$t=\dfrac{450}{5.4}=83$

由表 8-5 可见，在相同的 n、η 条件下，按计数和计重浓度计算所需自净时间相当（见表 8-5 中序号 1 和 4）。这也反映 10^7 粒/L 计数浓度和 $350\mu g/m^3$ 计重浓度相当。如果不需要自净到 $16\mu g/m^3$ 这样低，当然所需时间就短了。

由表 8-5 可见，虽然提高 n 比提高 η 对缩短自净时间有利，但对引入新风的工况，η 提高 1.1 倍，N 可降低 10 倍。所以对于引入新风的工况，提高 η 的降低室内浓度的作用比提高 n 大得多。这和前面的分析是一致的。以上计算是按全室不均匀分布考虑的，如着眼于送风气流达到的主要区域，该区自净时间比表中的值要低很多。

8.4 室内自循环工况的 N 的计算

1. 计数浓度

由于没有了正压，室外污染从窗缝渗入，侵入的微粒作为室内发尘的 G_2。

$$N=\psi\frac{60(G_1+G_2)\times10^{-3}}{n\eta} \tag{8-6}$$

在与上例同样条件下，并按 8.2 节取非全穿透时的 G_2，有：

$$N=1.9\frac{60(0.26\times10^5+0.84\times10^7)\times10^{-3}}{6\times0.9}=1.9\frac{60\times84.26\times10^5\times10^{-3}}{5.4}$$

$$=1.9\times0.94\times10^5=1.8\times10^5 \text{粒/L}$$

针对具体计算结果，再计算一下自净时间，列在表 8-6 中。

按计数浓度自净时间计算结果 表 8-6

序号	n（次/h）	η(%)(计数)	$\dfrac{N_0}{N}$	查图 6-1 得 $n\eta t$	$t=\dfrac{n\eta t}{n\eta}$(min)
1	6	0.9	$\dfrac{0.75\times10^7}{1.8\times10^5}=41.7$	≈500	$\dfrac{500}{6\times0.9}=93$
2	6	0.99	$\dfrac{0.75\times10^7}{1.62\times10^5}=46$	≈505	$\dfrac{505}{6\times0.99}=85$

序号	n (次/h)	$\eta(\%)$(计数)	$\dfrac{N_0}{N}$	查图 6-1 得 $n\eta t$	$t=\dfrac{n\eta t}{n\eta}$(min)
3	8	0.9	$\dfrac{0.75\times10^7}{1.33\times10^5}=56.3$	≈520	$\dfrac{520}{8\times0.9}=72$
4	8	0.99	$\dfrac{0.75\times10^7}{1.21\times10^5}=62$	≈525	$\dfrac{525}{8\times0.99}=66$

由表 8-6 可见,对于无新风引入的室内自循环工况,提高 n 对降低自净时间和室内浓度的作用,比提高 η 更有效,而且室内可以达到更低的稳定浓度,但达到此浓度的自净时间略长。

2. PM2.5 计重浓度

从前面计算可知,G_1 和 G_2 相比可以忽略(如净化器国家标准),省去化为计重浓度的麻烦,按本书 8.2 节,在室外 $350\mu g/m^3$,非全穿透取 0.75 穿透系数时,$G_2=0.3\mu g/(m^3\cdot min)$,则在 $n=6$,$\eta=0.9$(计重)条件下:

$$N=\psi\frac{60\,G_2}{n\eta}=1.9\frac{60\times0.3}{6\times0.9}=6.3\mu g/m^3$$

若 M 按 $500\mu g/m^3$ 计,则 N 接近 $10\mu g/m^3$。

$n=8$,则 $N=4.8\mu g/m^3$。

在前面式(8-6)计数浓度计算时,式中有 10^{-3},是化为每升多少粒时出现的,现单位为 m^3,所以 10^{-3} 就不出现了。

从上面计算可见,对于主要是自循环的家用空气净化器,其效率一般都在 0.9 以上,在这一条件下,提高 η 不如提高 n,如 $n=5$,即使 $\eta=1$,$n\eta$ 最多是 5,而即使 η 只有 0.9,但 n 为 6,则 $n\eta$ 为 5.4,将使 N 下降约 10%,而且阻力上升还小,这是设计者和选用者都应特别注意的。

从上面计算可见,引入新风工况达到的室内稳定的计重浓度约比室内自循环工况的高 1.3 倍。所以,前者净化器效率应比后者净化器效率高则更好。

还要强调的是,式中 G_2 是 $M=350\mu g/m^3$ 的,若按所谓不保证率,北京的 M 约比 350 小 40% 以上;若按 $M=700\mu g/m^3$ 计,比按 350 算大 1 倍,即 N 可能介于 $9\sim13\mu g/m^3$ 之间。若是前者,对一个系统来说,系统中过滤器更换时间长了,对于后者更换时间短了。所以从统计上看,不论对于单独设备还是系统,针对颗粒物污染问题去推敲用来计算的不保证率,意义不大。

3. 自净时间计算

自净时间计算结果见表 8-7。

序号	n(次/h)	η(%)(计重)	$\dfrac{N_0}{N}$(PM2.5计重浓度)	查图6-1得 $n\eta t$	$t=\dfrac{n\eta t}{n\eta}$(min)
1	6	0.9	$\dfrac{0.75\times350}{6.3}=41.7$	≈500	93
2	6	0.99	$\dfrac{0.75\times350}{5.94}=44.2$	≈505	85
3	8	0.9	$\dfrac{0.75\times350}{4.8}=54.6$	≈515	72
4	8	0.9	$\dfrac{0.75\times700}{13}=40$	≈490	91

表中 75 为二级标准上限，35 为一级标准上限。

和前一节表 8-6 计算一样，10^7 粒/L 和 $350\mu g/m^3$ 的自净时间相当。

$n=6$、$\eta=0.9$ 的指标较合适，虽然自净时间长，但并不需要 $6.3\mu g/m^3$ 这么低的 N，如果达到大 1 倍的 N，所需时间会比自净时间短很多。

8.5 开窗的可行性

1. 概述

（1）当空气净化器在室内完全以自循环工况运行时，室内因关窗只有渗透风而无新风引入。显然渗风量太小不能起到一定的新风的作用。于是，使用者总会提出：在空气净化器运行工况下能否间断地开窗？能开多大窗？或者开多长时间？从另一个角度提出的问题是：在空气净化器持续运行中能否一直开一个窗缝？所有这些问题，对空气净化器会有什么影响呢？

前面已指出，在重度特别是其以上污染时，一般为静风，本书以 0.35m/s 为计算风速。

以下计算将一些共同条件设定如下：房间面积 $20m^2$，室高 2.5m。有一个 4 级窗：$1.5m\times1.5m$，两扇推拉，关窗最大缝宽 0.57mm，开启宽度 100mm。空气净化器 $n=6$，PM2.5 计重效率 0.9。室外按 $250\mu g/m^3$ 计。分为室内外温差 $15℃$ 以下和 $15\sim30℃$，ρ 分别取 1.2 和 1.342。

不论是渗透风还是开窗进风，根据上述条件，应采用第 7 章的风压与热压共同作用的计算方法。

（2）按第 7 章风、热压共同作用通式，$15℃$ 以下温差时：

关窗渗风量：

$$Q_{15}{}'=0.7\times 缝长(m)\times 最大缝宽(mm)\times\sqrt{热压差+风压差}$$

$$=0.7\times7.5\times0.57\times\sqrt{0.066+0.68}=2.99\times0.86=2.58\ m^3/h$$

关窗渗尘相当于室内单位容积发尘量（取穿透系数 0.75）：

$$G_2' = \frac{0.75 \times 渗风量 \times 室外尘浓}{60 \times 室面积 \times 室高} = \frac{0.75 \times 2.58 \times 250}{60 \times 20 \times 2.5} = 0.16 \mu g/(m^3 \cdot min)$$

开窗进风量：

$$Q_{15}' = 0.7 \times 窗高(m) \times 开启宽度(mm) \times \sqrt{热压差 + 风压差}$$

$$= 0.7 \times 1.5 \times 100 \times \sqrt{0.066 + 0.68} = 105 \times 0.86 = 90.3 \ m^3/h$$

把开窗渗尘作为室内单位容积发尘量（应为全穿透）：

$$G_2'' = \frac{进风量 \times 室外浓度}{60 \times 室面积 \times 室高} = \frac{90.3 \times 250}{60 \times 20 \times 2.5} = 7.6 \mu g/(m^3 \cdot min)$$

（3）按第 7 章风、热压共同作用通式，$15 \sim 30℃$ 温差时，只有热压差由 0.68Pa 升为 1.35Pa，则

$$Q_{30}' = 3.56 \ m^3/h$$

$$G_2' = 0.22 \mu g/(m^3 \cdot min)$$

$$Q_{30}'' = 125 \ m^3/h$$

$$G_2'' = 10.5 \mu g/(m^3 \cdot min)$$

2. 持续开窗

$$N = \psi \frac{60 G_2''}{n \eta}$$

（1）若令 N 不超过 $75 \mu g/m^3$，在 15℃ 以下温差时，对于 $n = 6$、$\eta = 0.9$，按上式计算：

$$G_2'' = \frac{N \times n \times \eta}{\psi \times 60} = \frac{75 \times 6 \times 0.9}{1.9 \times 60} = 3.6 \mu g/(m^3 \cdot min)$$

因 3.6 接近 7.6 的一半，故接近可开 $\frac{10}{2} = 5cm$ 缝宽，进风新风量约为 $\frac{90.3}{2} = 45 \ m^5/h$，可供 $2 \sim 3$ 人。

（2）对于 $n = 8$、$\eta = 0.9$，因 $\psi = 1.7$，有：

$$G_2'' = 5.3 \mu g/(m^3 \cdot min)$$

接近可开 7cm 缝宽，新风量为 $70 \ m^3/h$，可供 $3 \sim 4$ 人。

（3）若令 N 不超过 $75 \mu g/m^3$，$15 \sim 30℃$ 温差时 $G_2'' = 10.5 \mu g/m^3 \cdot min$。

已知对于 $n = 6$、$\eta = 0.9$，允许 $G_2'' = 3.6 \mu g/(m^3 \cdot min)$，故可开接近 4cm 缝宽，新风量为 $50 m^3/h$，可供 $2 \sim 3$ 人；

已知对于 $n = 8$、$\eta = 0.9$，允许 $G_2'' = 5.3 \mu g/(m^3 \cdot min)$，故可开 5cm 缝宽，新风量为 $63 m^3/h$，可供 $3 \sim 4$ 人。

（4）若室外尘浓达到 $500 \mu g/m^3$，则在 15℃ 以下温差时，允开窗缝宽度同

（3），15～30℃温差时，只能开（3）的一半宽。

3. 间断开窗

（1）经过一夜开机，15℃以下温差时，早晨室内浓度将稳定在：

$$N=1.9\frac{60G_2{}'}{n\eta}=1.9\times\frac{60\times0.16}{6\times0.9}=3.4\mu g/m^3$$

（2）开100mm窗通风，有：

$$N=1.9\frac{60G_2{}''}{n\eta}=1.9\frac{60\times7.6}{5.4}=160.4\mu g/m^3$$

即开窗污染后，将在 t 时间后稳定在 $160.4\mu g/m^3$。

$$\therefore\quad\frac{N_0}{N}=\frac{3.4}{160.4}=0.021$$

$$\therefore\quad1-\frac{N_0}{N}=0.979$$

查图6-1得：

$$n\eta t\approx280,\ t=\frac{280}{5.4}=51.9min$$

污染过程曲线和净化过程曲线在《空气洁净技术原理（第四版）》[2]中已给出了绘制方法。

污染过程中任意时刻的 N_t 由下式表达：

$$N_t\approx N-\Delta N e^{-nt/60} \tag{8-7}$$

式中　N_t——某时刻污染浓度；

　　　N——达到稳定的污染浓度；

　　　n——换气次数；

　　　N_0——原始浓度；

　　　ΔN——为 $N-N_0$（污染过程）

上式化为：

$$N-N_t=(N-N_0)e^{-nt/60}$$

$$e^{-nt/60}=\frac{N-N_t}{N-N_0} \tag{8-8}$$

当 $nt=30$ 时，$e^{\frac{-nt}{60}}=\frac{1}{e^{0.5}}=0.606$；

当 $nt=60$ 时，$e^{\frac{-nt}{60}}=\frac{1}{e}=0.362$；

当 $nt=120$ 时，$e^{\frac{-nt}{60}}=\frac{1}{e^2}=0.135$；

当 $nt=180$ 时，$e^{\frac{-nt}{60}}=\frac{1}{e^3}=0.050$；

当 $nt=240$ 时，$e^{\frac{-nt}{60}}=\frac{1}{e^4}=0.018$；

当 $nt=300$ 时，$e^{\frac{-nt}{60}}=\frac{1}{e^5}=0.008$。

污染过程曲线如图 8-7 中的上升曲线。

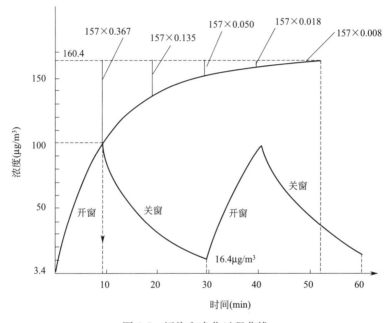

图 8-7　污染和净化过程曲线

图 8-7 中起点为 $3.4\mu g/m^3$ 是原始浓度 N_0，达到稳定时的浓度为 $160.4\ \mu g/m^3$，是 N，需时 $t=51.9min$。

过程曲线从终点向起点画，第 50min 时，因 $n=6$，所以 $nt=300$，$e^{\frac{-nt}{60}}=0.008$，由式(8-8) 得：

$$N_t=160.4-(160.4-3.4)\times0.008=160.4-157\times0.008$$

即从 160.4 的横线上，在 $t=50min$ 这一点上下降 157×0.008，在 30min 这一时刻下降 157×0.05，20min 时下降 157×0.135，设不希望开窗到浓度上升至 $160.4\mu g/m^3$，而是希望只上升到 $100\mu g/m^3$，在 $n=6$ 时由式(8-10) 有：

$$e^{0.1t}=\frac{160.4-3.4}{160.4-100}=\frac{157}{60.4}=2.6$$

则求出 $t\approx10min$，与图 8-7（虚线箭头所指）相当吻合。

87

从图 8-7 可见，在开窗 10min 后，从 $100\mu g/m^3$ 降到 $75\mu g/m^3$ 超标时间很短，约 4min，所以开窗 10min 是可行的。

（3）关窗自净

根据前面计算可知，关窗自净，N 可达到 $3.4\mu g/m^3$。

则

$$\frac{N_0}{N}=\frac{100}{3.4}=30$$

$$\frac{N_0}{N}-1=29$$

查图 6-1，得 $n\eta t\approx480$，所以 $t=\frac{480}{5.4}=89min$。

净化过程曲线见图 8-7 中的下降曲线。

净化过程中任意时刻的 N_t 由下式表达：

$$N_t\approx N-\Delta N e^{-nt/60} \tag{8-9}$$

净化过程：

$$\Delta N=N_0-N$$

式中　N_t——某时刻净化浓度；

　　　N——达到稳定的净化浓度；

　　　N_0——原始浓度。

则式(8-9) 化为：

$$N-N_t=(N_0-N)e^{-nt/60}$$

$$e^{-nt/60}=\frac{N-N_t}{N_0-N} \tag{8-10}$$

显然不需要使室内浓度降到 $3.4\mu g/m^3$，若设关窗 20min，则

$$e^{-nt/60}=0.135$$

由式(8-9)，此时室内净化到：

$$N_t=3.4+(100-3.4)\times0.135=3.4+1.3=16.4\mu g/m^3$$

这已是不错的水平。

如果关窗 40min，则 $e^{-nt/60}=0.018$

$$\therefore\ N_t\approx3.4+(100-3.4)\times0.018=3.4+1.8=5.2\mu g/m^3$$

以上过程参见图 8-7。

以上述公式计算图 6-4 的 1 号曲线，起点为 25。

在 $t=11.5min$ 时，$nt=60$，系数为 0.362，则

$$N_t=25+(590-25)\times0.362=230\mu g/m^3$$

查图 6-4 的 1 号曲线，约为 $235\mu g/m^3$。

在 35min 时，$nt=180$，系数为 0.05，则

$$N_t=25+(590-25)\times0.05=54\mu g/m^3$$

查图 6-4 的 1 号曲线，此时约为 $61\mu g/m^3$。

可见计算结果与测定结果比较接近。

（4）开窗通风

设开 100mm 窗通风，则重复上述（2）（3）过程。

（5）如果室内外温差为 $15\sim30℃$，则（1）的 N 增加 1.375 倍为 4.7 $\mu g/m^3$，（2）的 N 增加 1.382 倍为 $221.7\mu g/m^3$。

允许污染到 $75\mu g/m^3$ 的时间：

$$e^{0.1t}=\frac{221.7-4.7}{221.7-75}=1.483$$

$\therefore\ t=4min$

允许污染到 $100\mu g/m^3$ 的时间：

$$e^{0.1t}=\frac{217.7}{121.7}=1.789$$

$\therefore t=5.8\approx6min$

比 $15\sim30℃$ 温差时均减少约 40％。

（6）如果室外为 $500\mu g/m^3$，则 G_2'、G_2'' 均加倍，N 也加倍，则开窗尺寸应减半，仍可按 $250\mu g/m^3$ 条件操作。

（7）小结

为维持室内浓度在 $15\mu g/m^3$ 左右，关窗自净时间不宜少于 20min，不应超过 90min。开窗通风时间不宜超过 10min，尺寸不超过 100mm。如果实际换气次数大于 6 次/h，过滤效果高于 0.9，则开窗条件还可放宽。

8.6 适用面积

1. 必要的参数

一台空气净化器能够满足多大面积房间使用？这和它提供的风量及其干净程度密切相关。

从前面计算可知，

在 $n=6$、$\eta=0.9$ 的条件下，在严重污染（设为 $350\mu g/m^3$）情况时：有新风工况，室内 N 可降到 $16\mu g/m^3$，室内自循环的工况，室内 N 可降到 $6.3\mu g/m^3$。

在同样条件下，η 越大，因达到的 N 越小，所以自净时间反而更长，但达到同样的 N，例如都达到 $75\mu g/m^3$，则自净时间将远小于 1h。

此外，在 30℃ 温差的不利情况下，仍可开 4cm 缝宽的窗。

因此，认为空气净化器宜使室内达到 6 次换气，其净化效率不低于 0.9。低于这个标准的，可能达到的净化程度低，或者服务的面积太小。

2. 适用面积计算

若以室高 2.6m 为准，则适用面积应为：

$$F = \frac{Q_0}{6 \times \frac{0.9}{\eta'} \times H} \tag{8-11}$$

式中　Q_0——空气净化器额定风量，m^3/h；

　　　η'——空气净化器过滤效率；

　　　H——实际室高，m；

∵

$$\eta' = \frac{k}{n'} \tag{8-12}$$

式中　k——试验舱实测衰减系数；

　　　n'——$\dfrac{Q_0}{60 \times 30}$，相当于试验舱每分钟换气次数。

若 $k=0.09$，$n'=0.1$，则 $\eta'=0.9$；当 $H=2.6$，$Q_0=180\ m^3/h$ 时（显然太小），有：

$$F = \frac{Q_0}{6 \times 2.6} = \frac{180}{6 \times 2.6} = 11.5\ m^2$$

若 $k=0.099$，$n'=0.1$，则 $\eta'=0.99$，同上条件时，有：

$$F = \frac{180}{6 \times \frac{0.9}{0.99} \times 2.6} = 12.8\ m^2$$

若 $k=0.18$，$n'=0.2$，则 $\eta'=0.9$，当 $H=2.6$，$Q_0=360\ m^3/h$ 时，有：

$$F = \frac{360}{6 \times \frac{0.9}{0.9} \times 2.6} = 23.07\ m^2$$

从上面分析可知，若只追求空气净化器小巧而忽略了换气次数（额定风量），对生产厂家和用户都是不应该的。

本章参考文献

[1] 许钟麟，曹国庆，张彦国，梁磊，周权. 关于空气净化的几个问题的探讨（之四）. 暖通空调，2017，47（8），14～17.

[2] 许钟麟著. 空气洁净技术原理（第四版）. 北京：科学出版社，2014.

[3] 福山博之译. 空中浮游物質——性質と作用. 空氣調和. 衛生工學，1975，49（8）：

57~60.

［4］ Hinds W C. 气溶胶技术. 孙聿峰译. 哈尔滨：黑龙江科学出版社，1989.

［5］ 涂有，涂光备，张鑫. 通风用空气过滤器的细颗粒物（PM2.5）过滤效率研究. 暖通空调，2016 46（5）：49~54.

［6］ 酒井寛二，久保啟治. 室内空氣清淨にたけゐ設計基準について. 空氣調和と冷凍，1979，19（9）：68~76.

［7］ 张文霞等. 国内外居住建筑最小通风量和换气次数的研究. 暖通空调，2016，V46（10）：86~91.

第9章 空气净化器的检测与评价[1,2]

9.1 试验舱检测

1. 30m³舱

由于空气净化器（便携式，区别于管道式）不具有单一的进、出风口，且形状各异，不适合在试验台上检测。美国家用电器制造商协会（AHAM）于1985年开发了一套用于上述所谓便携式空气净化器的试验方法，即在30m³(高×面积＝2.5m×3.5×3.4＝2.5×11.9≈30m³)的密封舱中，于中心位置摆放被测空气净化器。舱内用烟草烟雾建立初始浓度，然后连续一定时间多次测定净化器循环去除污染的效率，在此之前，先测一下无净化器的烟雾自我衰减清除的效率。

图9-1为试验舱透视示意图。

通过多点测定，用公式求出总衰减系数，减去自然衰减系数后得到净化器运行后的衰减系数k，然后按式（5-10）求出洁净空气量：

$$Q=60kV$$

因此求k是整个测定的核心内容。

2. 试验舱中自然衰减

（1）美国标准和我国标准都规定要在测空气净化器能力之前，先测试验舱的自然衰减。

自然衰减有多大？需不需要检测？因此先要知道自然衰减的量级。

自然衰减应该包括微粒的凝并损失、微粒在垂直面上的扩散沉积损失和在平面（室地面）上的沉降沉积损失。

（2）微粒的凝并损失

气流中微粒在相对运动（布朗运动或气流运动引起）中，相互碰撞、粘着而成为大的颗粒，这就是凝并。由于凝并，微粒数量要减少。

凝并可分为热力凝并与湍流运动凝并（简称运动凝并或湍流凝并）。

1）热力凝并

由分子的布朗运动引起的热力凝并经t时间后微粒浓度将由N_0变为N_t，由下式表达（热力凝并推导过程见文献［3］［4］）：

$$N_t=\frac{N_0}{1+N_0k_0t} \tag{9-1}$$

式中 k_0——凝并系数，k_0 与 $D d_p$ 成正比（D 为扩散系数）。

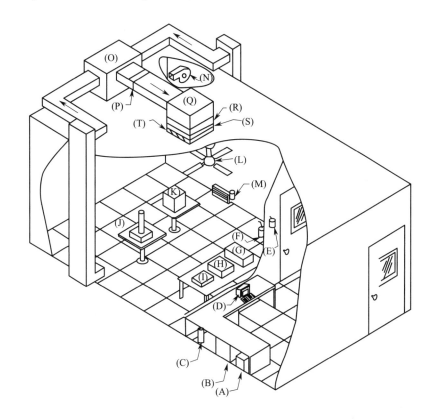

图 9-1 美国标准 30m³ 试验舱示意图

(A) 稳压器；(B) 数据采集及控制接口被测装置；(C) 气源（供气）；(D) 电脑；

(E) 烟尘注入口；(F) 花粉发生器；(G) 粉尘监测器；(H) 烟尘监测器；

(I) 烟雾稀释器；(J) 粉尘发生器；(K) 被测装置；(L) 搅拌风扇；

(M) 回风阀；(N) 循环风机（500~680m³/h）；(O) 加湿器；

(P) 预过滤器；(Q) 风机段；(R) 高效过滤器；

(S) 电加热；(T) 送风阀

表 9-1 是标准条件下的 k_0 值，表 9-2 是单分散微粒当 $k_0 = 5 \times 10^{-10}\,cm^3/s$ 时（约大于 $0.3\mu m$）在热力凝并过程中浓度变化的情况[4]。

标准条件下的 k_0 值　　　　　　　　　　　　　　　　　　　　　表 9-1

$d_p(\mu m)$	$k_0/(\times 10^{-10}cm^3/s)$	$d_p(\mu m)$	$k_0/(\times 10^{-10}cm^3/s)$
0.01	67	1.0	3.5
0.1	8.6	10	3.0

初始浓度 N_0（粒/cm³）	达到 $0.5N_0$ 的时间	颗粒尺寸加倍的时间（$N = 0.125N_0$）
10^{14}	$20\mu s$	$140\mu s$
10^{12}	2ms	14ms
10^{10}	0.2s	1.4s
10^{8}	20s	140s
10^{6}	33min	4h
10^{4}	55h	16d
10^{2}	231d	4×365d

美国空气净化器标准 ANSI/AHAM AC-1-2006 要求测试时发香烟雾。根据对文献的综合分析，图 9-2 中给出的烟草雾的粒径范围多在 $0.06 \sim 0.5\mu m$ 之间[3]。

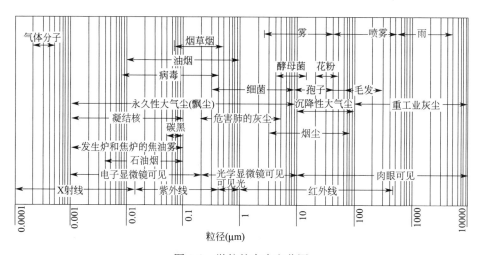

图 9-2 微粒的大小和范围

按空气净化器标准要求，发烟后的原始浓度应稳定在 $\geqslant 0.3\mu m$ 为 2×10^6 L $\sim$ 2×10^7 粒/L 之间。由于标准未给出粒径分布，以下计算将难于进行。假定按大气尘一般分布，$\geqslant 0.5\mu m$ 约为 $\geqslant 0.3\mu m$ 的 $1/3 \sim 1/2$[3]，因此 $\geqslant 0.5\mu m$ 可取 10^7 粒/L。即设 $N_0 = 10^7$ 粒/L $= 10^4$ 粒/cm³（$\geqslant 0.3\mu m$ 也可取此数），烟雾为多分散的，k_0 是对单分散的，按 $k_0 = 5 \times 10^{-10}\,\text{cm}^3/\text{s}$ 计则偏安全。（粒子越小越易凝并沉积）。

按空气净化器标准规定测试时间 $t = 1200s$，则由式（9-1）得：

$$N_t = \frac{N_0}{1 + 10^4 \times 5 \times 10^{-10} \times 1200} = \frac{N_0}{1 + 0.6 \times 10^{-2}} = 0.994N_0$$

说明浓度只减少 $\dfrac{0.6}{100}$ 即损失率为 0.6%，所以一般气溶胶方面的研究早有定论，当 $N_0 \leqslant 10^4$ 粒/cm³（10^7 粒/L）时，完全可以忽略热力凝并。

2）湍流凝并

①湍流凝并由气流湍流运动引起，也称运动凝并，由于太复杂，在气溶胶研究方面没有给出具体的计算方法，但指出对 $0.1\mu m$ 微粒的湍流凝并可略去不计。对于大于 $10\mu m$ 的湍流凝并则非常重要，对略大于 $1\mu m$ 的湍流凝并比热力凝并重要[4]，但在 20min 内影响不会很大，假定烟雾粒子湍流凝并和上述 $\geqslant 0.3\mu m$ 的热力凝并相当，总凝并损失也就是 1.2%，当然这纯属假定。所以舱的"自净"作用有限（净化器在室内引起的气流流动速度，除出口附近外，一般不会大于 0.3m/s，其湍流作用很小）。

②在试验舱中测自然衰减时，为了模拟在开机状况下的衰减，要求不开被测净化器而是开循环风扇。

美国标准规定，循环风扇风量为 $500\sim680m^3/h$（国内标准规定为 $500\sim700m^3/h$），未说风量可调；如果风扇出风口直径为 20cm。射流速度达 $2\sim3.5m/s$，影响范围很大。按试验舱只有 $30m^3$，$S=3.5\times3.4=11.9\ m^2$。按我国净化器标准给出的求净化器适用面积公式：

$$S=0.12Q$$

Q 为净化器所谓洁净风量，按本书第 5.2 节分析，$Q=\eta\cdot Q_0$

Q_0 为净化器额定风量。设对于 $\eta\geqslant0.99$，有 $Q\approx Q_0$

$$\therefore\qquad Q_0\approx Q=\frac{S}{0.12}=\frac{11.9}{0.12}=99.2\ m^3/h$$

可见上述循环风扇的风量比一般情况下使用的净化器风量可能大数倍，净化器出风口面积和循环风扇出口面积也相仿，则气流速度后者会比前者大数倍，扰动气流的作用比开净化器大多了，会有一定的湍流凝并，凝并损失也就比实际大了。

（3）微粒在垂直面上的扩散沉积损失

微粒在垂直面上的惯性沉积显然可完全忽略[3]，只考虑扩散沉积。在试验舱内因扩散沉积损失而使舱内原始浓度不断减小，并非保持不变，故适用无送风的对流扩散沉积。

此时在单元垂直表面上扩散沉积的微粒数目为：

$$N_s=\frac{V}{S}(1-e^{-\frac{sDt}{V\delta}})N_0\text{粒}/cm^2 \tag{9-2}$$

式中　s——垂直表面面积，cm^2；

　　　V——空间的容积 cm^3；

　　　D——扩散系数，cm^2/s，对 $0.3\mu m$ 约为 1.1×10^{-6}；

　　　δ——分子扩散层厚度，虽难具体确定，但据实验[5]，约在 $20\mu m$ 数量级上；

　　　t——时间，s。

举例计算如下：

设 $\qquad V=30\ m^3=30\times10^3\times10^3\ cm^3=30\times10^6\ cm^3$

$\qquad s=2\times(3.4+3.5)\times2.5\times10^4=34.5\times10^4\ cm^2$

$\qquad t=1200s$

这是净化器试验舱的情况。

设烟粒子的扩散系数 D 皆按 $0.3\mu m$ 考虑，由式（9-2）得：

$$N_s=\frac{30\times10^6}{34.5\times10^4}(1-e^{-34.5\times10^4\times1.1\times10^{-6}\times1.2\times10^3/30\times10^6\times20\times10^{-4}})\times10^4$$

$$=87(1-e^{-0.0076})\times10^4=6612\ 粒/cm^2$$

在四表面总扩散沉积 $6612\times34.5\times10^4\ 粒=228\times10^7\ 粒$

占原始浓度的百分比为 $\dfrac{228\times10^7}{30\times10^6\times10^4}=0.76\times10^{-2}=0.76\%$

（4）微粒在平（地）面上的沉降沉积损失

微粒在平面上的沉降沉积损失修正公式之一为[3]：

$$N_g=\alpha v_s tN \qquad\qquad (9\text{-}3)$$

式中 $\quad v_s$——沉降速度，cm/s，和微粒平均面积直径有关。对空气中 $\geqslant0.5\mu m$ 的标准粒径分布可算出平均面积直径 $D_s=0.98\mu m$，即空间空气中 $\geqslant0.5\mu m$ 的微粒沉积量可以看做都是约 $1\mu m$ 的 $v_s=0.006cm/s$ 的沉积量。

$\quad\alpha$——考虑多种沉降因素的修正系数，对试验舱 $11.9m^2$ 这么大的平面，对 D_s 约 $1\mu m$ 的微粒取 1；

$\quad t$——沉降时间，s，取 $1200s$；

$\quad N$——原始浓度，$粒/cm^3$，设为 $10^4\ 粒/cm^3$；

则有：

$\qquad N_g=1\times0.006cm/s\times1200s\times10^4\ 粒/cm^3=7.18\times10^4\ 粒/cm^2$

在 $20min$ 内整个地面沉降 $11.9\times10^4\times7.18\times10^4=0.85\times10^{10}\ 粒$。

则 $0.5\mu m$ 以上微粒的损失率为：

$$\frac{0.85\times10^{10}}{30\times10^6\times10^4}=0.028=2.8\%$$

在发烟的试验舱中不知道气溶胶的粒径分布，假定都看作 $0.5\mu m$ 的沉积量（已经偏大了），则 $v_s=0.001cm/s$，α 应取 1.3，则 $N_g=1.56\times10^4\ 粒/cm^2$，损失率降低到 0.0061 即 0.61%。

该沉降量公式被试验结果和校验美国 NASA 标准关于悬浮菌和沉降菌的关系，证明是正确的[3]。

（5）自然衰减损失之和

在试验舱内凝并、扩散、沉降三种自然衰减损失率之和约为：

$$0.012+0.0076+0.0061=0.026=2.6\%$$

这一损失率和净化器 0.9 以上的效率比起来，无足轻重。

在试验舱中，应有一个稳定的自然衰减（类似本底），大可不必每次都测；如果考虑到这一损失很小，对每台试验设备都有此结果，则忽略了也不会影响比对。根据多台设备的检测数据，自然衰减约在 3% 左右。如果降低空吹风速，衰减会更小。据上海市环境保护产品质量监督检验总站对苍穹牌 KJ12-CFZ 型静电净化器的检验，舱内 30min 的自然衰减为 2%[6]。

所以，笔者认为对试验舱中净化器不做自然衰减测试，最多以本底代之，而且取消循环风扇，而以可调风量之小风机置于试验样机处代之。或如 GB 21551.3-2010 对空白对照试验要求的：拆除净化器内清除气溶胶的部件，并将风机风量调到原额定风量。

9.2 测定细则

1. 摆放位置

被测空气净化器不应摆放在试验舱或小室的中心（见图 9-3），这不符合使用情况。一般都是靠墙、靠家具放，或放在墙角。如果放在室中心，则由于出风主要是向前上方或偏向前上方的，或侧前上，还有三面出风的，回风在下部正前方或侧面或者底面。则净化器后部明显缺少洁净空气去稀释，且存在涡流。即使如花盆口结构向上出风口，也一般近墙或近角放。吸顶式是向下吹风的或向四边吹风，置于 700mm 高台面上则更难理解。

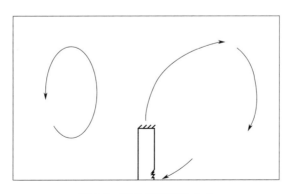

图 9-3　净化器置于舱中央

因此建议被测净化器应放在舱后侧中心地面上或桌面上（按其真实用途确定，不含吸顶式）。正面离墙 0.5m（见图 9-4）。

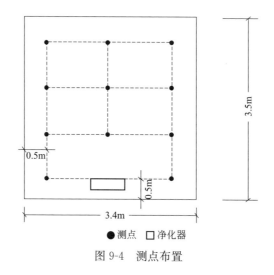

●测点　□净化器

图 9-4　测点布置

2. 测点

测点数量与位置都应有明确规定，否则，测定结果之间一定有差异。例如标准如不规定，则在图 9-3 前部多布测点对结果就有利。所以没有统一规定的测点布置，结果的可比性差，会失去公允。

建议按活动区的概念每边离墙 0.5m 的平面范围内，其坐姿的呼吸带高度即 0.8m 高平面上均匀布点，如像图 9-4 那样最少可规定 11 个点。（或规定更多或更少，但一定要统一规定，不能原则性地规定如"不少于 9 个点"，因为结果要比较的。）测点位置必须是规定好的，可以在地面作出记号。如果事先有此规定，则舱内物件的位置可以避开测点，即使稍有妨碍，因都是如此，也就不失可比性。

3. 方法

应明确用计数法还是计重法以及前者的采样流量。

4. 读数

（1）按常规，每个测点的数都要读，都要用。不应规定读数低于多少（如 50 个/L）的数和测点不要。如果测点在干净气流的主流区内，又是大风量的净化器，可能有读数低的点，由于结果是取平均的，那样做是不公正的。我国《洁净室施工及验收规范》GB 50591-2010 有这样的规定："当因测定差错或微粒浓度异常低下（空气报为洁净）造成单个非随机的异常值，并影响计算结果时，允许将该异常值删除，但在原始记录中应注明。""每一测定空间只允许删除一次测定值"这些规定。可以作为测空气净化器的参考。当然，如果有 1 次以上这样的情况可规定测定无效，应重新开始。

（2）由式(5-8)，得：

$$\frac{N_t}{N_0} = e^{-kt}$$

可知，每次测得的N_t应是此时该室的平面平均浓度，不是稳定后的浓度，浓度每时每刻都在变化，所以逐点检测不能代表同一时刻浓度。空气净化器国家标准并未指明各测点是同时测还是逐点测，从每点2min一次读数来看，是后者，则此每次测得的某点浓度不能代表此时的室平均浓度，也就不能用来计算k。

（3）为了同时读数，应采用在线粒子监测系统。在各测点上方下垂若干测头，在控制室通过粒子计数器计算机进行远程实时监控及设定报警、数据储存、报告编撰、打印输出等。

9.3 求 k

1. 计算图

式(5-8) 可改写为

$$\frac{N_0}{N_t} = e^{kt} \tag{9-4}$$

$$kt = \ln \frac{N_0}{N_t} \tag{9-5}$$

可制成图 9-5。

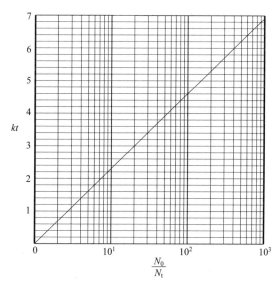

图 9-5　试验舱中衰减系数计算图

2. 算例

设测定 20min 后得到 $\dfrac{N_0}{N_t}$ 值，N_t 为第 20min 时各点的平均值，查图 9-5，得到 kt，则 $k = \dfrac{kt}{20}$。

设 20min 后 $\dfrac{N_0}{N_t} = 10$，由式（9-1）或查图 9-5，得：

$$\ln 10 = 2.3 = kt$$

$$k = \frac{2.3}{20} = 0.115$$

如已知相当于舱内换气次数 $n' = 0.12$ 次/min，则 $\eta = \dfrac{k}{n'} = \dfrac{0.115}{0.12} = 0.96$

若 20min 后才达到 $\dfrac{N_0}{N_t} = 6$，则查图得 $kt = 1.8$，

$$\therefore \quad k = \frac{1.8}{20} = 0.09$$

$$\eta = \frac{0.09}{0.12} = 0.75$$

若 30min 后才达到 $\dfrac{N_0}{N_t} = 10$，则

$$k = \frac{2.3}{30} = 0.077$$

$$\eta = \frac{k}{n'} = \frac{0.077}{0.12} = 0.64$$

第 5 章计算表明，η 都为 0.9，$n_b = 2n_a$，$n_a = 0.1$ 次/min，则净化器 b 的净化能力在测试 20min 时，达到净化器 a 的能力的 6 倍。以上结果从图 9-5 也可证明：

$$\because k = n'\eta, \text{则} k_a = 0.1 \times 0.9 = 0.09$$
$$k_b = 0.2 \times 0.9 = 0.18$$

$$\therefore \quad tk_a = 1.8, tk_b = 3.6$$

查图 9-5，$tk_a = 1.8$ 的 $\dfrac{N_0}{N_{at}} = 6$

$$tk_b = 3.6 \text{ 的} \frac{N_0}{N_{bt}} = 36$$

则 $N_{bt} \approx N_{at} = \dfrac{1}{6}$，即试验 20min 后，净化器 b 的净化能力：净化器 a 的净

化能力为 6：1。

越接近稳定时间，即 t 越长，N_t 越悬殊，则此刻净化能力的倍数越大。

如 $t=40\text{min}$，则 $tk_a=3.6$，$tk_b=7.2$。

查图 9-5，得：

$$\frac{N_0}{N_{at}}=36，\frac{N_0}{N_{bt}}=1000，$$即在 40min 时两者净化能力相差约 30 倍，表明 N_{bt}
已经很小了。

3. 注意

最后要说明的是，图 9-5 只适合室内只有原始浓度而无发尘的试验舱的情况，和图 6-1 不同，不能用来计算正常使用的有发尘的情况。求出的 k 包含自然衰减的值。

9.4　评价

1. 存在的问题

通过前面的讨论可知，洁净空气量这一设定的参数不能确切地反映各种工况下净化器的净化能力，用它来评价、比较空气净化器并不合适。

从上面分析可知，用不着把衰减系数 k 和设定的洁净空气量联系在一起，k 本身就反映净化器的净化能力。和洁净空气量一样，单纯地用 k 来比较彼此的"好""坏"是不科学的。如图 9-6 那样一台体积大 1 倍，风量也大 1 倍的净化器，其 k 肯定比体积、风量都小一半的另一台净化器大。只能说明它 k 大，但不能一定说明它比另一台性能优越。因此，试验舱方法和试验舱试验所得的 k，有可能产生误导。

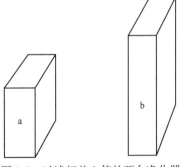

图 9-6　过滤相差 1 倍的两台净化器

要客观地比较净化性能，必须指明 k 是单位风量的。如果一台净化器的过滤器好，阻力小，风量大了而过滤器并未加大；而另一台净化器如要加大风量，就要加大过滤器，才能维持阻力不增加。所以后者的体积也大了。虽然两者单位风量的 k 一样，显然体积小的，同样阻力下过滤器小的那一台净化性能更好。所以还应突出单位体积这一要素。为体现是否节能，还可加入单位能耗的因素。

2. 综合指标

设表示净化器单位能耗净化能力和能效的综合指标为单位能耗的净化效能

(Cleaning Performanceumder Energy Efficiency)，即

$$CPEE = \frac{k}{20Q\,V_o \cdot P} \tag{9-6}$$

式中　Q——净化器试验风量，应为额定风量，$\mathrm{m^3/min}$，因测试时间为 20min，
　　　　故为 $20Q$。

　　　V_o——净化器外接矩形体积，$\mathrm{m^3}$；

　　　P——能耗，kW。

$CPEE$ 越大越好。

例如 a 净化器：$k = 0.12$，$Q = 300\ \mathrm{m^3/h}$，$V_a = 0.6 \times 0.4 \times 0.2 = 0.048\mathrm{m^3}$，
$P = 0.1\mathrm{kW}$，则 $CPEE = 0.25$；

b 净化器：$k = 0.12$，$Q = 340\mathrm{m^3/h}$，$V_o = 0.048\mathrm{m^3}$，$P = 0.11\mathrm{kW}$；则
$CPEE = 0.2$。

两台净化器体积相等，k 相等，但第二台净化器的风量大于第一台，说明第
二台净化器可能是过滤器的效率低了，虽然保持相同的 k，但性能不如第一台，
其 $CPEE$ 小于第一台。

显然这样的评价是合理的。$CPEE$ 仅是一个综合指标，只反映净化器综合
能力（净化效率和能耗）的高低，不反映综合性能的净化能力的定量比例关系。
如果只要求净化能力强，则可只选 k 大的，而不问其他。

在用上述综合指标评价时，可以规定一个测定 $CPEE$ 不能低于其额定值一
个百分点，例如 10%，等等。

本章参考文献

[1]　许钟麟，冯昕，张益昭等．关于空气净化器的几个问题的探讨（之三），暖通空调，
　　　2017，44（8），11~13.

[2]　许钟麟，曹国庆，张廖园等．关于空气净化器的几个问题的探讨（之五），暖通空调，
　　　2017，44（8），18~19.

[3]　许钟麟著．空气洁净技术原理（第四版）．北京：科学出版社，2014.

[4]　Hinds W C. 气溶胶技术．孙聿峰译．哈尔滨：黑龙江科学出版社，1989.

[5]　ФУКСП. A. 气溶胶力学．顾振朝等译．北京：科学出版社，1960.

[6]　毛华雄．应用静电净化器改善室内空气品质研究．上海：同济大学，2008.